# RÉSUMÉ
## ET EXERCICES
# D'ALGÈBRE ÉLÉMENTAIRE

À L'USAGE

DES CANDIDATS AU BACCALAURÉAT ÈS SCIENCES
ET AUX ÉCOLES DU GOUVERNEMENT

PAR

## A. HERMANN

ANCIEN ÉLÈVE DE L'ÉCOLE NORMALE SUPÉRIEURE
PROFESSEUR DE MATHÉMATIQUES

PARIS

LIBRAIRIE HACHETTE ET Cie
BOULEVARD SAINT-GERMAIN, 79

1875

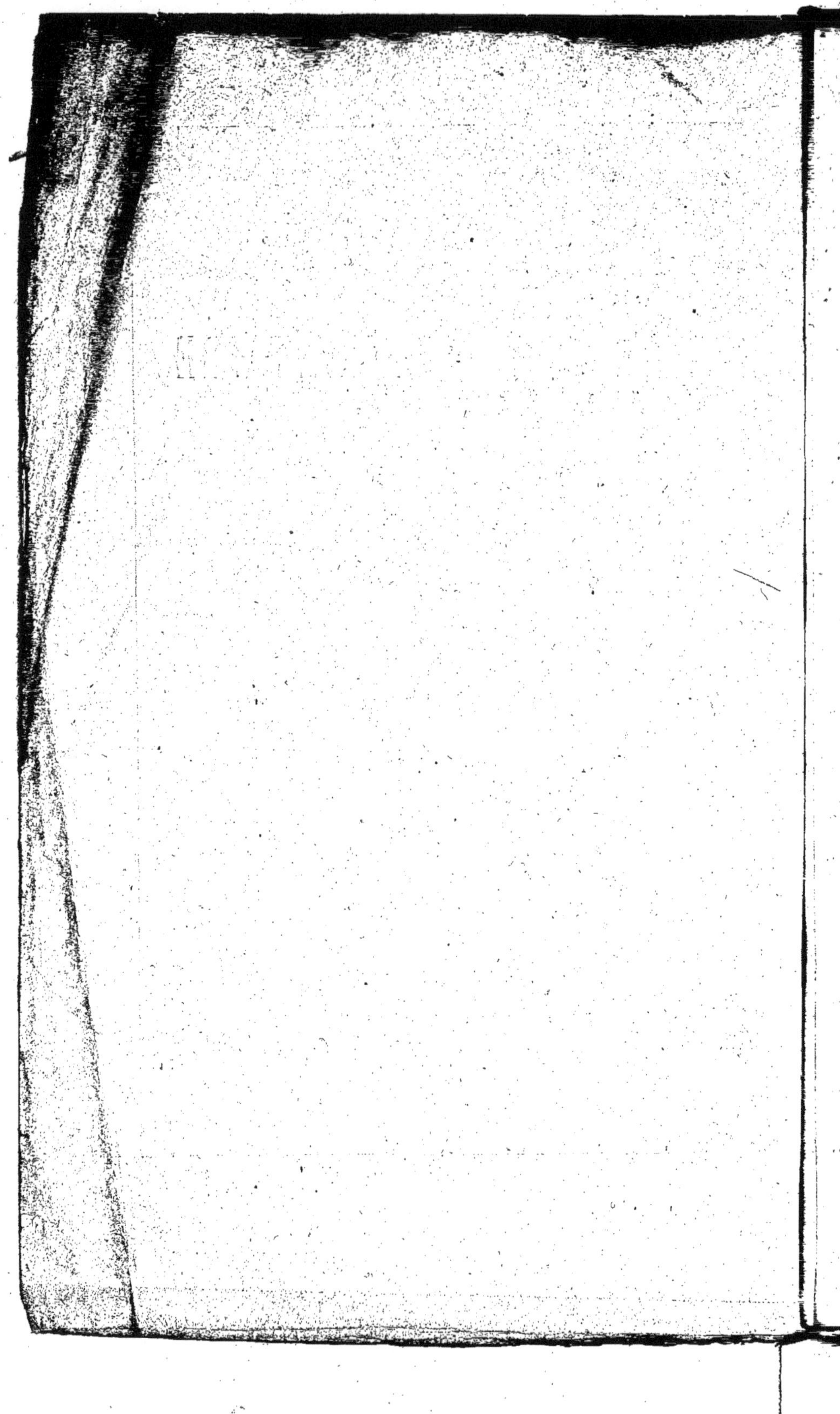

# RÉSUMÉ

ET EXERCICES

# D'ALGÈBRE ÉLÉMENTAIRE

OUVRAGE DU MÊME AUTEUR

---

Énoncés des Questions posées aux Examens d'admission de l'École poly-
technique en 1869, classées méthodiquement. — Solutions des principales
difficultés relatives aux Examens, formant 4 fascicules in-4 de 40 à 50
pages chacun (Autographie) :

Premier fascicule :    **Arithmétique**. . . . . . . . . .    2 francs
Deuxième fascicule :    **Géométrie**. . . . . . . . . . .    3  »
Troisième fascicule :    **Algèbre**. . . . . . . . . . . .    3  »
Quatrième fascicule :    **Analytique à 2 dimensions**. .    3  »

1010. — Paris. — Imprimerie de Cusset et Cⁱᵉ, rue Racine. 26.

# RÉSUMÉ

## ET EXERCICES

# D'ALGÈBRE ÉLÉMENTAIRE

À L'USAGE

DES CANDIDATS AU BACCALAURÉAT ÈS SCIENCES
ET AUX ÉCOLES DU GOUVERNEMENT

PAR

## A. HERMANN

ANCIEN ÉLÈVE DE L'ÉCOLE NORMALE SUPÉRIEURE
PROFESSEUR DE MATHÉMATIQUES

## PARIS

LIBRAIRIE HACHETTE ET C$^{\text{IE}}$
BOULEVARD SAINT-GERMAIN, 79

1873

# TABLE DES MATIÈRES

# AVERTISSEMENT

Dans ce résumé, nous nous sommes attaché à mettre en évidence l'ordre et l'enchaînement des idées, insistant surtout sur les définitions, cherchant à donner des raisons courtes des choses et à fixer le sens exact des points qui peuvent donner lieu à une fausse interprétation. Nous espérons qu'il sera utile aux élèves de mathématiques élémentaires pour repasser leur cours, et aux élèves de mathématiques spéciales pour revoir l'algèbre élémentaire.

Nos exercices ont été choisis avec le plus grand soin et empruntés aux meilleurs auteurs français et étrangers. Parmi ces derniers, nous avons fait surtout de nombreux emprunts aux ouvrages de Hind, Todhunter, Hirsch Mayer et Schellbach. Qu'il nous soit permis d'adresser nos remercîments à M. Lecaplain, professeur au lycée Louis-le-Grand, dont les conseils et les leçons nous ont préparé à la rédaction de ce travail.

A. Hermann.

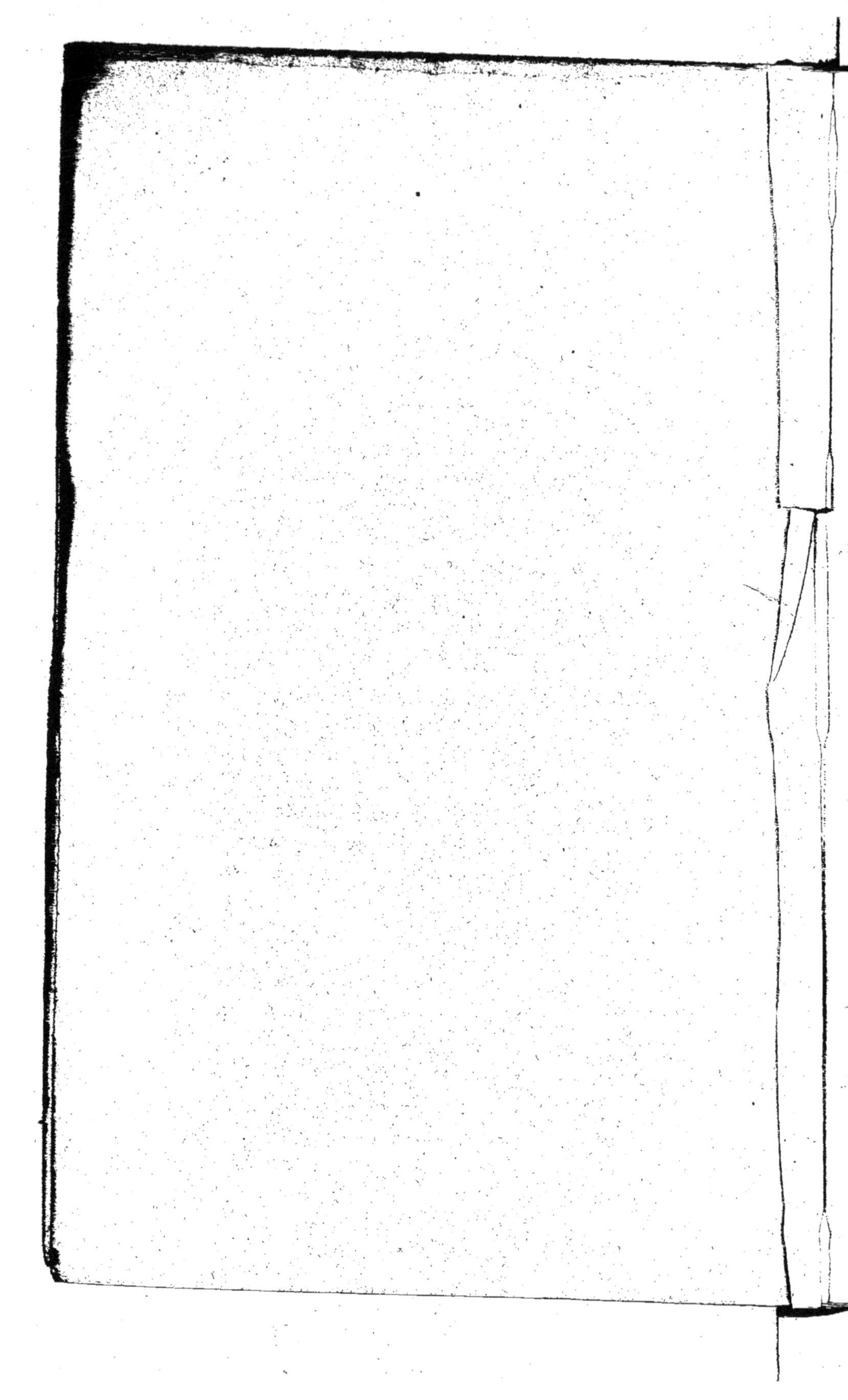

# RÉSUMÉ

## ET

# EXERCICES D'ALGÈBRE

## ÉLÉMENTAIRE

---

## CHAPITRE PREMIER.

### COMPARAISON DES RÔLES DE L'ALGÈBRE ET DE L'ARITHMÉTIQUE. PRINCIPAL OBJET DE L'ALGÈBRE.

---

Lorsqu'on résout un problème par l'arithmétique, la trace des opérations successives qu'on est obligé d'effectuer pour trouver l'inconnue du problème disparaît dans les réductions successives que subissent les données du problème. Quand on résout un problème par l'algèbre, on se propose de former le tableau des opérations qu'il faudrait effectuer pour trouver l'inconnue du problème. En sorte que, tandis que l'arithmétique donne pour résultat des opérations un nombre, l'algèbre donne une formule, qui peut servir à la solution de tous les problèmes du même genre, lorsque les données prennent des valeurs numériques particulières.

Toutefois, si nous nous bornions à ces quelques mots, on ne saisirait peut-être pas bien le rôle principal que joue l'algèbre en mathématiques. L'algèbre est surtout un instrument de transformation, et par là voici ce qu'il faut entendre :

Lorsque certaines grandeurs sont évaluées en nombre, et que ces nombres sont représentés par des lettres, l'algèbre permet de déduire des relations qui peuvent exister entre ces lettres d'autres relations. L'algèbre opère ces transformations sans avoir égard à l'origine de ces relations, qu'elles aient été fournies par l'arithmétique, la géométrie, la physique, ou la mécanique. C'est à ces sciences particulières à donner ensuite le sens des transformations qu'elle produit.

EXEMPLES :

1° Supposons que nous ayons entre les nombres V, H, R et $r$ la relation suivante :

$$V = \frac{\pi H}{3}(R^2 + r^2 + Rr).\qquad(1)$$

Cette relation se prête immédiatement au calcul de V, si R, $r$, H sont connus, mais elle ne se prête pas d'une manière aussi commode au calcul de $r$ au moyen de V, H, R ; l'algèbre permet de déduire de la relation (1) une autre relation pouvant servir au calcul de $r$.

2° Supposons que nous ayons entre les nombres V, R, $r$, H et $h$ les relations suivantes :

$$\frac{H}{h} = \frac{R}{r},\qquad(1)$$

$$V = \frac{\pi R^2 H - \pi r^2 h}{3}.\qquad(2)$$

L'algèbre permet de déduire des relations (1) et (2) la relation suivante :

$$V = \frac{\pi(H - h)}{3}(R^2 + r^2 + Rr)\qquad(3)$$

Si nous nous plaçons maintenant dans le domaine de la géométrie, et si nous supposons que R et H soient le rayon de base et la hauteur d'un cône, $r$ et $h$ le rayon de base et la la hauteur du cône déterminé par une section parallèle à la base, la relation (3) peut s'interpréter géométriquement et donne le théorème de la géométrie sur le volume du tronc du cône. L'interprétation d'une relation obtenue par les transformations de l'algèbre fournit un théorème de géométrie.

3° Supposons que nous ayons entre les nombres $v$, $v_0$, $e$, $g$ les relations suivantes :

$$v = v_0 - gt,\qquad(1)$$

$$e = v_0 t - g\frac{t^2}{2}.\qquad(2)$$

L'algèbre permet de déduire des relations (1) et (2) la relation suivante :

$$v^2 - v_0^2 = 2eg.\qquad(3)$$

Si nous nous plaçons maintenant dans le domaine de la mécanique, et si nous supposons que $v_0$ désigne la vitesse initiale d'un corps lancé de bas en haut, $v$ sa vitesse au bout du temps $t$, $e$ l'espace parcouru, l'interprétation de la relation (3) fournit le théorème de mécanique suivant :

« Lorsqu'un corps lancé de bas en haut a atteint une hauteur $e$, la différence entre les carrés de sa vitesse actuelle et de sa vitesse initiale est égale au double produit de l'espace parcouru par l'accélération de la pesanteur. »

L'interprétation d'une relation obtenue par l'algèbre nous donne un théorème de mécanique. L'algèbre effectue ces transformations à l'aide de procédés qui constituent le calcul algébrique et la théorie des équations.

# CHAPITRE II.

### OBJET DU CALCUL ALGÉBRIQUE ET DÉFINITIONS.

1. *Expresion algébrique.* On appelle expression algébrique un ensemble de lettres et de signes indiquant des opérations à effectuer sur des nombres représentés par des lettres.

2. *Classification des expressions algébriques.* On les distingue en expressions algébriques entières, fractionnaires, monômes et polynômes.

3. *Valeur numérique d'une expression algébrique.* On désigne par là le nombre qu'on obtient en remplaçant dans l'expression algébrique les lettres par les valeurs qui leur sont assignées et en effectuant les calculs indiqués.

4. *Expressions algébriques équivalentes.* On entend par là deux expressions algébriques qui prennent la même valeur numérique pour les mêmes valeurs attribuées aux lettres.

5. *Objet du calcul algébrique.* Son objet est de transformer certaines expressions en d'autres équivalentes. Partant de là, nous dirons que : l'addition algébrique a pour objet de trouver une nouvelle expression algébrique équivalente à la somme de plusieurs expressions algébriques données ; nous définirons d'une manière analogue la multiplication algébrique. Quant à la soustraction algébrique et à la division, ce sont les opérations inverses, l'une de l'addition, l'autre de la multiplication.

REMARQUE. Dans ce que nous dirons pour le moment du calcul algébrique, nous supposerons toujours que les opérations indiquées dans les polynômes peuvent s'effectuer, autrement dit que l'ensemble des termes additifs l'emporte sur l'ensemble des termes soustractifs.

Il est d'ailleurs facile de voir que le résultat de la mise en nombre d'un polynôme ne change pas, quel que soit l'ordre dans lequel on effectue les opérations indiquées, et qu'il est toujours égal à l'excès de la somme des termes précédés du signe + sur la somme des termes précédés du signe —.

Supposons, par exemple, qu'en mettant en nombre un polynôme, on trouve comme indication de calculs à effectuer :

$$3 - 12 + 7 - 4 + 26;$$

on peut effectuer les calculs de la manière suivante :

$$\text{Écrire :} \quad 3 - 12 = - 9$$
$$- 9 + 7 = - 2$$
$$- 2 - 4 = - 6$$
$$- 6 + 26 = 20.$$

Remarquons en effet que 3 doit être ajouté aux termes additifs et 12 retranché. Au lieu de cela, on peut ne pas ajouter 3 et retrancher seulement

$$12 - 3 = 9.$$

9 doit être retranché et 7 ajouté; au lieu de cela, on peut ne pas ajouter 7 et retrancher seulement

$$9 - 7 = 2, \text{ etc.}$$

# CHAPITRE III.

ADDITION, SOUSTRACTION ET MULTIPLICATION ALGÉBRIQUE.

### 1. *Addition algébrique.*

1° *Addition des monômes.*

RÈGLE. Pour additionner plusieurs monômes, on les écrit les uns à la suite des autres en les séparant par le signe +. Si plusieurs monômes sont semblables, c'est-à-dire ne différant que par le coefficient, on les réduit à un seul, auquel on donne un coefficient égal à la somme des coefficients.

2° *Addition des polynômes.*

RÈGLE. On ajoute deux polynômes en écrivant à la suite du premier polynôme les différents termes du deuxième avec leurs signes respectifs :

$$P + (a + b - c + d) = P + a + b - c + d.$$

Cette règle est la conséquence des deux principes d'arithmétique relatifs à l'addition à un nombre d'une somme ou d'une différence.

### 2. *Soustraction algébrique.*

**RÈGLE.** Pour soustraire un polynôme d'un autre, on écrit à la suite du premier les différents termes du deuxième en changeant les signes :

$$P - (a + b - c + d) = P - a - b + c - d.$$

En effet, si au polynôme

$$P - a - b + c - d$$

on ajoute $\qquad\qquad a + b - c + d,$

on a : $\qquad\qquad P.$

### 3. *Multiplication algébrique.*

1° *Multiplication des monômes.*

**RÈGLE.** Le produit de deux monômes est un troisième monôme qui a pour coefficient le produit des coefficients, et dans lequel chaque lettre entre avec un exposant égal à la somme des exposants qu'elle a dans les deux monômes.

Soit à multiplier :

$$5a^2b^3c \qquad \text{par} \qquad 2a^3b^4d,$$

le 1<sup>er</sup> monôme est égal à

$$5 \times a^2 \times b^3 \times c;$$

le 2<sup>e</sup> à

$$2 \times a^3 \times b^4 \times d.$$

Le produit peut s'écrire

$$5 \times a^2 \times b^3 \times c \times 2 \times a^3 \times b^4 \times d,$$

puisque, pour multiplier un nombre par un produit, il suffit de le multiplier successivement par chaque facteur du produit.

Intervertissant l'ordre des facteurs et remplaçant certains facteurs par leurs produits effectués, nous aurons, conformément à la règle,

$$10a^5b^7cd.$$

2° *Multiplication d'un polynôme par un monôme.*

Soit à multiplier un polynôme

$$a + b - c + d \qquad \text{par un monôme} \qquad m.$$

C'est répéter 4 fois le polynôme si $m$ a pour valeur 4, c'est prendre les $\frac{2}{3}$ du polynôme si $m$ a pour valeur $\frac{2}{3}$. Dans tous les cas, on obtient un résultat égal à

$$ma + mb - mc + md.$$

3° *Multiplication de deux polynômes.*

RÈGLE. On multiplie de toutes les manières possibles un terme du 1<sup>er</sup> polynôme par un terme du 2<sup>e</sup>, en donnant au terme du produit le signe $+$ si les deux termes ont le même signe, le signe $-$ s'ils ont des signes contraires.

Soit à multiplier un polynôme

$$P = a + b - c + d$$

par un polynôme

$$Q = a' - b' + c' - d';$$

soit $m$ le résultat de la mise en nombre de Q, le produit sera

$$ma + mb - mc + md,$$

ou en remplaçant

$$m \quad \text{par} \quad a' - b' + c' - d',$$

$$(a' - b' + c' - d')a + (a' - b' + c' - d')b - (a' - b' + c' - d')c + (a' - b' + c' - d')d;$$

ou, d'après la règle de la multiplication d'un polynôme par un monôme

$$aa' - ab' + ac' - ad' + a'b - bb' + bc' - bd' - a'c + b'c - cc' + cd'$$
$$+ a'd - b'd + c'd - dd'.$$

### 4. *Sens qu'il faut attacher à la règle des signes.*

La démonstration de la règle de la multiplication des polynômes fait connaître non-seulement quels sont les termes du produit, mais encore quels sont les signes de ces termes. La règle des signes est le résultat de la comparaison du signe d'un terme du produit et des signes des termes qui l'ont fourni au multiplicande et au multiplicateur. Il serait absurde de croire que l'on peut démontrer directement que le produit de $+a$ par $-b$ est $-ab$.

### 5. *Polynôme ordonné.*

On dit qu'un polynôme est ordonné par rapport aux puissances croissantes ou aux puissances décroissantes d'une lettre, lorsque les exposants de cette lettre vont constamment en croissant ou constamment en décroissant.

EXEMPLE :

$$5x^5 - 3ax^4 + 6a^2x^3 - a^5$$

est ordonné par rapport aux puissances décroissantes de $x$ et aux puissances croissantes de $a$.

THÉORÈME. *Si deux polynômes sont ordonnés par rapport aux puissances décroissantes ou croissantes d'une même lettre, le 1<sup>er</sup> terme du produit provient, sans réduction, de la multiplication du 1<sup>er</sup> terme du multiplicande par le 1<sup>er</sup> terme du multiplicateur; le dernier terme du* *produit se forme de la même manière avec le dernier terme du multiplicande et le dernier terme du multiplicateur.*

Car le 1ᵉʳ terme du produit provenant de la multiplication des 2 termes qui contiennent la lettre ordonnatrice avec le plus fort exposant, doit contenir cette lettre avec un exposant plus grand que les autres termes. Le même raisonnement montre que le dernier terme du produit contient la lettre ordonnatrice avec le plus faible exposant.

### 6. *Carré d'un polynôme.*

Le carré d'un polynôme est le produit de 2 polynômes égaux entre eux.

**Théorème.** *Le carré d'un polynôme est égal à la somme des carrés de tous les termes augmentés de tous leurs doubles produits.*

C'est ce que l'on peut représenter symboliquement par la relation

$$(\Sigma a)^2 = \Sigma a^2 + 2\Sigma ab.$$

En effet, lorsqu'on multiplie 2 polynômes identiques $(a + b + c...)$, on n'obtient que deux sortes de termes au produit : ceux qui proviennent de 2 termes identiques tels que $a^2$, ceux qui proviennent de 2 termes différents tels que $ab$.

Les termes de la 1ʳᵉ espèce ne se rencontreront chacun qu'une fois, ceux de la 2ᵉ espèce 2 fois, et 2 fois seulement. On rencontrera $ab$ une 1ʳᵉ fois en multipliant le polynôme donné par $a$, une 2ᵉ fois en le multipliant par $b$.

### 7. *Cube d'un polynôme.*

C'est le produit de 3 polynômes égaux entre eux.

**Théorème.** *Le cube d'un polynôme contient:*

1° *La somme des cubes des différents termes;*

2° *3 fois la somme des produits obtenus en multipliant le carré d'un terme par un autre terme;*

3° *6 fois la somme des produits des termes 3 à 3.*

C'est ce que l'on peut représenter symboliquement par l'égalité

$$(\Sigma a)^3 = \Sigma a^3 + 3\Sigma a^2 b + 6\Sigma abc.$$

On démontre ce théorème comme le précédent en remarquant qu'on ne peut obtenir que ces 3 espèces de termes, et en comptant combien de fois entre un terme de chaque espèce.

# CHAPITRE IV.

### INTRODUCTION DES QUANTITÉS NÉGATIVES EN ALGÈBRE.
### EXTENSION DES RÈGLES DU CALCUL ALGÉBRIQUE.

**1. *Définitions*.** On donne le nom de quantité négative à un nombre isolé précédé du signe —. Par opposition, on appelle quantité positive un nombre isolé précédé du signe +.

Les quantités négatives n'ont pas de sens par elles-mêmes, elles ont été introduites en algèbre dans un but de généralisation. Quant aux quantités positives, il ne faut pas leur attacher plus de sens qu'à des nombres isolés qui ne seraient précédés d'aucun signe.

Ainsi, pour nous, le nombre 7 ou la quantité positive $+7$ représente identiquement la même chose.

Les quantités négatives n'ayant pas de sens, il est nécessaire de dire ce que l'on entend par l'addition, la soustraction, la multiplication et la division de deux quantités négatives ou d'une quantité négative et d'une quantité positive.

#### 1. *Convention relative à l'addition de deux quantités positives ou négatives.*

On opère sur ces quantités comme on le ferait si elles entraient chacune dans un polynôme, comme termes soustractifs, si elles sont toutes deux négatives, l'une comme terme additif, l'autre comme terme soustractif si elles sont l'une positive, l'autre négative.

**EXEMPLES :**

$$+a + (-b) = a - b$$
$$-a + (+b) = -a + b$$
$$-a + (-b) = -a - b$$

On est convenu en outre de réduire deux quantités positives ou négatives en une seule comme on le ferait pour deux termes semblables d'un polynôme affectés des signes de ces quantités.

**EXEMPLE :**

$$4 + (-7) = 4 - 7 = -3.$$

Nous donnons à l'addition, telle que nous venons de la définir, le nom d'*addition algébrique* pour la distinguer de l'addition arithmétique qui comporte une idée d'augmentation.

Remarque. Dans l'addition de 2 quantités positives ou négatives on peut intervertir l'ordre de ces quantités.

### 2. *Soustraction.*

Ayant défini ce que nous entendons par *addition algébrique* de 2 quantités, nous dirons que soustraire une quantité d'une autre, c'est trouver une troisième quantité qui, ajoutée algébriquement à la deuxième, reproduit la première.

Règle. Pour soustraire une quantité d'une autre, changez d'abord le signe de la quantité que vous voulez soustraire, et ajoutez-la ensuite algébriquement à l'autre.

EXEMPLES :

$$+ a - (- b) = a + b$$
$$- a - (+ b) = - a - b$$
$$- a - (- b) = - a + b$$

En effet :

$$a + b + (- b) = a + b - b = a$$
$$- a - b + (+ b) = - a - b + b = - a$$

Remarque. On voit que dans la soustraction de 2 quantités positives ou négatives, on opère comme si elles entraient chacune dans un polynôme, soit comme terme additif, soit comme terme soustractif, suivant leurs signes.

*Convention sur l'ordre de grandeur de deux quantités.* Les quantités négatives n'ayant pas de sens, il est nécessaire d'établir une convention permettant de reconnaître dans quel cas une quantité est plus grande qu'une autre.

*Convention.* Une quantité est dite plus grande qu'une autre lorsqu'en retranchant la deuxième de la première on obtient un résultat positif.

EXEMPLES :

$$7 > - 2 \quad \text{puisque} \quad 7 - (- 2) = 7 + 2 = 9$$
$$- 3 > - 5 \quad \text{puisque} - 3 - (- 5) = - 3 + 5 = 2$$

On voit d'après cette convention qu'une quantité négative est d'autant plus petite que sa valeur absolue est plus grande.

### 3. *Multiplication.*

*Convention.* On multiplie deux quantités positives ou négatives isolées, comme on le ferait si elles entraient chacune dans un polynôme, soit comme terme additif, soit comme terme soustractif, suivant leurs signes.

EXEMPLES :

$$+ a \times - b = - ab$$
$$- a \times + b = - ab$$
$$- a \times - b = + ab$$

### 4. *Division*.

*Définition :* Diviser deux quantités l'une par l'autre, c'est trouver une 3ᵉ quantité qui, multipliée par le diviseur, reproduit le dividende.

RÈGLE. Le quotient s'obtient en prenant le quotient des valeurs absolues avec le signe + si elles ont le même signe, avec le signe — si elles ont des signes contraires.

EXEMPLES :

$$\frac{+a}{-b} = -\frac{a}{b}$$

$$\frac{-a}{-b} = +\frac{a}{b}$$

Cette règle est une conséquence de la convention relative à la multiplication.

REMARQUES. 1° Dans un monôme $5a^2b^3$ une lettre $a$ peut représenter une quantité positive ou une quantité négative ; le signe du résultat de la mise en nombre du monôme dépend des conventions établies plus haut.

2° Un polynôme P peut être représenté par la somme algébrique de tous les termes, en désignant par terme l'ensemble de la valeur absolue et du signe ; on peut écrire

$$P = a + b + c + d$$

si l'on suppose que $a$, $b$, $c$, $d$ peuvent prendre des valeurs négatives, puisque retrancher un nombre c'est ajouter une quantité négative.

### 5. *Extension des règles du calcul algébrique au cas où les polynômes peuvent prendre des valeurs négatives.*

Les règles du calcul algébrique ont été établies pour des polynômes qui, mis ensemble, donnaient des résultats positifs ; il est nécessaire d'établir que ces règles sont encore vraies quand le résultat de la mise en nombre d'un polynôme est une quantité négative.

Prenons pour exemple le cas de la multiplication.

Soient deux polynômes :     P et Q

Supposons que le résultat de la mise en nombre du premier polynôme soit + 5 et celle du second — 7. Si la règle de la multiplication des polynômes est générale, le résultat de la mise en nombre du produit obtenu conformément à la règle de la multiplication des polynômes sera — 35. C'est ce que nous allons démontrer.

Pour cela je remarque que si la mise en nombre de Q donne — 7, la mise en nombre de — Q donnera + 7 et la mise en nombre du produit de P par — Q + 35, puisque nous sommes maintenant précisément dans le cas où la règle de la multiplication a été démontrée. Or le produit de P par — Q est de signe contraire au produit de P par Q, donc le résultat de la mise en nombre du produit de P par Q sera — 35.

On emploierait le même mode de raisonnement si le résultat de la mise en nombre des deux polynômes était une quantité négative pour chacun d'eux.

# CHAPITRE V.

### DIVISION ALGÉBRIQUE.

*Définition.* La division algébrique est, comme nous l'avons déjà dit, l'opération inverse de la multiplication; elle a pour objet, étant données deux quantités algébriques, le dividende et le diviseur, de trouver une troisième quantité algébrique appelée quotient qui, multipliée par le diviseur, reproduit le dividende.

### 1. *Division des monômes.*

Si les deux monômes n'ont aucun facteur commun, on indique simplement la division. Ainsi le quotient de $5a^3b^2c$ par $7d^5e^8g$ s'indique

$$\frac{5a^3b^2c}{7d^5e^8g}.$$

Si les deux monômes ont des facteurs communs, on peut simplifier l'indication du quotient.

### *Quotient de deux puissances d'une même lettre.*

RÈGLE. Le quotient de $a^m$ par $a^n$ est toujours égal à $a^{m-n}$.

Le principe connu d'arithmétique sur la simplification d'une fraction par la suppression des facteurs communs aux deux termes nous donne pour le quotient de $a^m$ par $a^n$ :

$$a^{m-n}, \quad 1, \quad \frac{1}{a^{n-m}},$$

suivant que $m > n$, $m = n$ ou $m < n$.

Pour que la règle énoncée soit vraie, il est nécessaire de convenir que $a^0$ est le symbole de l'unité et $a^{-(n-m)}$ le symbole de $\frac{1}{a^{n-m}}$.

*Règle pour la division de deux monômes.* Pour diviser deux monômes l'un par l'autre, on divise le coefficient du dividende par le coefficient du diviseur, et l'on écrit chaque lettre au quotient avec un exposant égal à la différence des exposants de cette lettre au dividende et au diviseur (*).

EXEMPLE :

$$\frac{12a^5b^3c^4d^7}{3a^2b^5c^3d^7} = 4a^3b^{-2}cd^0 = 4a^3b^{-2}c.$$

REMARQUE. Cette règle ne peut être appliquée qu'autant que toutes les lettres du diviseur figurent au dividende, autrement le quotient est une expression fractionnaire que l'on ne peut que simplifier par la suppression des facteurs communs aux deux termes.

2. Division d'un polynôme par un monôme.

RÈGLE. Pour diviser un polynôme par un monôme, on divise chaque terme du polynôme par le monôme.

3. Division de deux polynômes.

Le quotient d'un polynôme P par un polynôme P' est l'expression fractionnaire

$$\frac{P}{P'}.$$

Le plus souvent cette expression ne peut être remplacée par une autre plus simple. Cependant quand les polynômes P et P' contiennent une même lettre, il peut exister un polynôme Q, entier par rapport à cette lettre qui, multiplié par le diviseur, reproduit le dividende. Trouver ce polynôme Q, quand il existe, c'est ce qu'on appelle effectuer la division.

Supposons que les coefficients de la lettre commune au dividende et au diviseur sont des monômes et que le dividende et le diviseur soient ordonnés de la même manière par rapport à la lettre commune.

Le théorème démontré sur le produit de deux polynômes ordonnés nous apprend que le premier terme du dividende est le produit exact du premier terme du diviseur par le premier terme du quotient. Ce théorème nous permettra de trouver le premier terme du quotient, et successivement les autres, lorsqu'on aura retranché du dividende le produit du diviseur par le premier terme du quotient.

---

(*) Nous nous appuyons sur un principe qui sera démontré plus loin : On peut diviser les 2 termes d'une fraction algébrique par une même quantité.

#### 4. *Caractères d'impossibilité.*

Lorsqu'on divise deux polynômes l'un par l'autre, si le dividende est le produit exact du diviseur par un polynôme entier, on sait que le dernier terme du quotient peut s'obtenir en divisant le dernier terme du dividende par le dernier terme du diviseur. Par conséquent, après avoir calculé ce terme comme si la division était possible, on reconnaîtra l'impossibilité de la division aux caractères suivants :

Les deux polynômes étant ordonnés par rapport aux puissances décroissantes d'une même lettre, si l'on est conduit à écrire au quotient un terme avec un exposant plus faible que dans le terme calculé, ou avec un exposant plus grand, si les polynômes sont ordonnés par rapport aux puissances croissantes d'une même lettre.

Ce caractère se présentera toujours dans l'un ou l'autre cas, si la division est impossible.

#### 5. *Les polynômes ordonnés par rapport à une même lettre ont pour coefficients de cette lettre des polynômes.*

Les différents termes du quotient s'obtiennent par des divisions de polynômes qu'il faut effectuer à part. Les deux polynômes ne sont divisibles l'un par l'autre que si toutes ces divisions partielles peuvent s'effectuer.

#### 6. *Forme sous laquelle on peut mettre le quotient de deux polynômes.*

THÉORÈME. *Le quotient de deux polynômes (*) entiers* P *et* P' *contenant une même lettre* x *peut toujours se mettre sous la forme d'un polynôme* Q *entier par rapport à* x *augmenté d'une fraction* $\frac{R}{P'}$, *ayant pour dénominateur le diviseur* P' *et pour numérateur un polynôme* R *de degré inférieur à* P', *et cette transformation n'est possible que d'une seule manière.*

Ordonnons le dividende et le diviseur par rapport aux puissances décroissantes de $x$, et arrêtons la division dès que nous trouverons un reste de degré moindre que le diviseur. Les termes obtenus au quotient seront entiers. Si nous désignons par R ce reste et par Q ce quotient, nous aurons

$$P = P'Q + R.$$

Si d'ailleurs la transformation était possible d'une autre manière, nous aurions :

$$P = P'Q' + R';$$

d'où

$$P'(Q - Q') = R' - R,$$

---

(*) Par analogie avec l'arithmétique, on donne quelquefois au polynôme Q le nom de quotient, et au polynôme R le nom de reste.

égalité impossible, puisque le 1ᵉʳ membre est au moins du même degré que P′, tandis que le 2ᵉ membre est de degré inférieur, R et R′ étant tous deux de degré moindre que P′.

REMARQUE. Lorsque les 2 polynômes contiennent 2 lettres $x$ et $y$ et qu'ils ne sont pas exactement divisibles l'un par l'autre, leur quotient se présente généralement sous deux formes différentes, suivant qu'on les ordonne par rapport aux puissances décroissantes de $x$ ou aux puissances décroissantes de $y$.

EXEMPLES :

$$\frac{x^2 + y^2}{x - y} = x + y + \frac{2y^2}{x - y},$$

$$\frac{y^2 + x^2}{-y + x} = -y - x + \frac{2x^2}{-y + x}.$$

THÉORÈME. *Si un polynôme entier par rapport à* x *est ordonné par rapport aux puissances décroissantes de cette lettre, le reste de la division du polynôme par* x — a *s'obtient en remplaçant* x *par* a *dans le polynôme.*

Soit X le dividende, Q le quotient, R le reste, R sera indépendant de $x$. On a l'égalité

$$X = (x - a)\, Q + R; \qquad\qquad (1)$$

égalité qui exprime qu'en effectuant les calculs indiqués dans le 2ᵉ membre, on retrouve identiquement le 1ᵉʳ. Les 2 membres de l'égalité (1) étant identiques prendront la même valeur pour la même valeur de $x$. Faisant $x = a$ et désignant par $X_a$ le résultat de la substitution de $a$ à $x$ dans X, nous aurons

$$R = X_a.$$

COROLL. I. Si $X_a = 0$, X est divisible par $x - a$.

COROLL. II. Si l'on a séparément

$$X_a = 0, \quad X_b = 0,$$

X est divisible par le produit $(x - a)\,(x - b)$.

# CHAPITRE VI.

## FRACTIONS ALGÉBRIQUES.

**1. *Définition.***
On appelle fractions algébriques et l'on représente par

$$\frac{A}{B}$$

le quotient de 2 expressions algébriques A et B.

**2. *Différence entre les fractions algébriques et les fractions arithmétiques.***

Tandis que les 2 termes d'une fraction arithmétique sont des nombres entiers, lors de la mise en nombre, les 2 termes d'une fraction algébrique peuvent être des quantités entières ou fractionnaires positives ou négatives.

Je vais démontrer que les différents théorèmes qui ont été donnés pour les fractions arithmétiques s'appliquent aux fractions algébriques.

**3. THÉORÈME.** *Une fraction algébrique ne change pas si l'on multiplie ou si l'on divise les deux termes par une même quantité.*

**1re *Démonstration.*** Soit la fraction algébrique $\dfrac{A}{B}$, $m$ une quantité quelconque, on a

$$\frac{A}{B} = \frac{Am}{Bm}.$$

Supposons que la mise en nombre de A, B, $m$ donne

$$A = -\frac{3}{4}, \quad B = \frac{5}{7}, \quad m = \frac{8}{11}.$$

Il faut prouver que l'on a

$$\frac{-\frac{3}{4}}{\frac{5}{7}} = \frac{-\frac{3}{4} \times \frac{8}{11}}{\frac{5}{7} \times \frac{8}{11}} = \frac{\frac{-3 \times 8}{4 \times 11}}{\frac{5 \times 8}{7 \times 11}}.$$

En effet, la 1re expression peut s'écrire ainsi

$$\frac{-3 \times 7}{4 \times 5} \quad \text{et la 2e} \quad \frac{-3 \times 7 \times 8 \times 11}{4 \times 5 \times 8 \times 11}.$$

2ᵉ *Démonstration.* On a identiquement

$$A = \frac{A}{B} \times B.$$

Multiplions les deux membres de cette égalité par $m$, nous aurons

$$Am = \frac{A}{B} \times Bm,$$

puisque pour multiplier un produit par une quantité $m$ il suffit de multiplier l'un des facteurs par cette quantité, et cela quel que soit $m$, positif ou négatif, entier ou fractionnaire.

Par conséquent

$$\frac{Am}{Bm} = \frac{A}{B}.$$

Ce principe peut servir à simplifier les fractions algébriques et à les réduire au même dénominateur ou au plus simple dénominateur possible.

S'il s'agit de fractions ayant pour dénominateurs

$$3a^2b^3c, \quad 4a^3b^3c^2, \quad 15a^4b^4c^5d,$$

on pourra prendre pour dénominateur commun

$$60a^4b^4c^5d.$$

Ce serait le plus petit multiple des dénominateurs si $a$, $b$, $c$, $d$ étaient des nombres premiers.

Lorsque les dénominateurs des fractions sont des polynômes on n'aperçoit pas aussi facilement le plus simple dénominateur. Sa recherche est fondée sur des considérations que nous ne pouvons exposer ici.

On démontrerait de la même manière les autres théorèmes sur les fractions algébriques. Nous allons cependant en donner encore deux dont l'usage est fréquent.

4. THÉORÈME. *Si l'on a une suite de fractions égales on obtient une fraction égale aux précédentes en faisant la somme des numérateurs et en la divisant par la somme des dénominateurs.*

$$\frac{a}{b} = \frac{a'}{b'} = \frac{a''}{b''} = \frac{a + a' + a''}{b + b' + b''}.$$

*Il faut démontrer que l'égalité des 3 premières fractions entraîne leur égalité avec la 4ᵉ.*

Soit $q$ la valeur commune des 3 facteurs, nous aurons

$$a = bq,$$
$$a' = b'q,$$
$$a'' = b''q;$$

et, en ajoutant membre à membre ces égalités,

$$a + a' + a'' = (b + b' + b'')q,$$

$a + a' + a''$ étant le produit de $b + b' + b''$ par $q$, $q$ est le quotient de $a + a' + a''$ divisé par $b + b' + b''$. On a donc

$$q = \frac{a + a' + a''}{b + b' + b''},$$

et, par suite,

$$\frac{a}{b} = \frac{a'}{b'} = \frac{a''}{b''} = \frac{a + a' + a''}{b + b' + b''}.$$

5. **Théorème.** *Si plusieurs fractions sont égales, on obtient une fraction égale aux précédentes en extrayant la racine carrée de la somme des carrés des numérateurs et en la divisant par la racine carrée de la somme des carrés des dénominateurs.*

En effet, si l'on a

$$\frac{a}{b} = \frac{a'}{b'} = \frac{a''}{b''};$$

on a aussi

$$\frac{a^2}{b^2} = \frac{a'^2}{b'^2} = \frac{a''^2}{b''^2} = \frac{a^2 + a'^2 + a''^2}{b^2 + b'^2 + b''^2},$$

Ces dernières fractions étant égales, les racines carrées sont aussi égales et l'on a

$$\frac{a}{b} = \frac{a'}{b'} = \frac{a''}{b''} = \frac{\sqrt{a^2 + a'^2 + a''^2}}{\sqrt{b^2 + b'^2 + b''^2}}.$$

# CHAPITRE VII.

### RÉSOLUTION NUMÉRIQUE DES ÉQUATIONS DU 1er DEGRÉ.

### *Définitions.*

1. *Egalité.* Lorsqu'on réunit deux quantités par le signe *égal*, on a une égalité.



$$A = B$$

**2.** *Identité.* On appelle identité la réunion par le signe *égal* de deux expressions identiques.

EXEMPLE :

$$2x + 5 = 2x + 5.$$

On nomme aussi identité l'égalité de deux expressions algébriques équivalentes.

EXEMPLE :

$$(a + b)^2 = a^2 + 2ab + b^2.$$

**3.** *Équation.* On appelle équation une égalité qui ne peut être vérifiée qu'en attribuant à une ou plusieurs lettres qui y entrent des valeurs particulières. Ces lettres portent le nom d'inconnues de l'équation.

**4.** *Résoudre une ou plusieurs équations*, c'est trouver les valeurs qui, mises à la place des inconnues, transforment ces équations en égalités.

**5.** *Degré d'une équation.* C'est la plus grande somme que l'on obtient, en ajoutant les exposants des inconnues dans les différents termes.

EXEMPLE : Les équations

$$x + y = 2, \quad x^2 - 3x + 4 = 16, \quad x^2 y + y^2 = 17,$$

sont, la 1<sup>re</sup> du 1<sup>er</sup> degré, la 2<sup>e</sup> du 2<sup>e</sup> degré, la 3<sup>e</sup> du 3<sup>e</sup> degré.

**5.** *Équations équivalentes.* On dit que deux équations sont équivalentes lorsqu'elles ont les mêmes racines.

### Résolution d'une équation du 1<sup>er</sup> degré à une inconnue.

La résolution d'une équation du 1<sup>er</sup> degré à une inconnue repose sur les deux principes suivants qui sont d'ailleurs généraux, c'est-à-dire s'appliquent à une équation de degré quelconque contenant un nombre quelconque d'inconnues.

1<sup>er</sup> PRINCIPE. *En ajoutant ou en retranchant une même quantité aux deux nombres d'une équation, on forme une nouvelle équation équivalente à la première.*

Les équations

$$A = B \quad \text{et} \quad A + \alpha = B + \alpha,$$

sont équivalentes.

Car tout système de valeurs des inconnues qui transforme la première en égalité, transforme également la deuxième en égalité, et réciproquement.

2<sup>e</sup> PRINCIPE. *Si l'on multiplie les deux nombres d'une équation par une même quantité finie et différente de zéro, on forme une nouvelle équation équivalente à la première.*

Même démonstration que pour le principe précédent.

REMARQUE. Lorsqu'on multiplie les deux membres d'une équation par une quantité contenant l'inconnue, on forme une équation qui peut être plus générale que la proposée, c'est-à-dire admettre les racines de la proposée et d'autres racines en plus.

EXEMPLE, l'équation

$$(x - 2)(2x^2 + 3) = (7x - 1)(x - 2),$$

admet outre les racines de l'équation :

$$2x^2 + 3 = 7x - 1, \quad \text{la racine } x = 2.$$

### Résolution d'une équation du 1er degré à une inconnue.

On commence par faire évanouir les dénominateurs en multipliant les deux membres par un multiple quelconque ou mieux par le plus petit multiple des dénominateurs.

On ramène ensuite l'équation à la forme

$$Ax = B$$

en faisant passer dans l'un des membres les termes qui contiennent l'inconnue, dans l'autre les termes connus. Si A n'est pas nul, on en déduit

$$x = \frac{B}{A}.$$

### Résolution de n équations du 1er degré à n inconnues.

Toutes les méthodes employées sont fondées sur le procédé de l'élimination.

*Éliminer* une inconnue $x$ entre deux équations, c'est remplacer le système de ces deux équations par un autre équivalent et dont l'une ne contient pas $x$.

### 1. Méthode d'élimination par substitution.

Cette méthode est fondée sur le théorème suivant :

THÉORÈME. *Etant donné un système de n équations à n inconnues, si l'on tire de l'une des équations la valeur de l'une des inconnues en fonction des autres, et si l'on substitue cette valeur dans les autres équations, on forme un nouveau système équivalent au premier.*

Soient les équations :

$$(1) \quad \begin{cases} ax + by + cz... = K \\ a'x + b'y + c'z... = K' \\ a''x + b''y + c''z... = K'' \\ \cdot\cdot\cdot\cdot\cdot\cdot\cdot\cdot\cdot \end{cases}$$

et le système

$$(2) \quad \begin{cases} x = \dfrac{K - by - cz\ldots}{a} \\[2mm] \dfrac{a'(K - by - cz\ldots)}{a} + b'y + c'z\ldots = K' \\[2mm] \dfrac{a''(K - by - cz\ldots)}{a} + b''y + c''z\ldots = K'' \\[2mm] \cdots\cdots\cdots\cdots\cdots\cdots \end{cases}$$

Je dis que les systèmes (1) et (2) sont équivalents; soient

$$x = \alpha, \quad y = \beta, \quad z = \gamma\ldots$$

un système de valeurs de $x$, $y$, $z$ qui vérifient les équations (1).

On aura l'égalité

$$a\alpha + b\beta + c\gamma\ldots = K,$$

et par conséquent la quantité $\alpha$ est égale à la quantité

$$\frac{K - b\beta - c\gamma\ldots}{a};$$

donc la première des équations (2) est satisfaite; les autres sont satisfaites également, car elles ne diffèrent des équations correspondantes du système (1) que parce que $x$ est remplacé par

$$\frac{K - by - cz\ldots}{a},$$

et nous venons de voir que les quantités $\alpha$ et $\dfrac{K - b\beta - c\gamma\ldots}{a}$ sont identiques.

La réciproque se démontrerait de la même manière. Ce principe permet de ramener la résolution de 2 équations à 2 inconnues à la résolution de 2 équations dont l'une ne contient qu'une inconnue, et par conséquent de résoudre le système de 2 équations à 2 inconnues, et généralement de ramener la résolution de $n$ équations à $n$ inconnues à la résolution de $n - 1$ équations à $n - 1$ inconnues, la valeur de la $n^{me}$ inconnue s'obtenant par la substitution des valeurs de $n - 1$ autres.

2. *Diverses méthodes pour résoudre les équations du* $1^{er}$ *degré sont fondées sur le théorème suivant :*

Théorème. *Étant donné un système de* n *équations à* n *inconnues :*

$$A = 0 \quad B = 0 \quad C = 0\ldots$$

*on peut remplacer l'une quelconque de ces équations* C = 0 *par l'équation*

$$A + \lambda B + \mu C = 0$$

*obtenue en ajoutant quelques-unes des équations données, parmi les-*
*quelles doit se trouver l'équation* C = 0, *après les avoir multipliées par*
*des quantités quelconques.*

Car tout système de valeurs qui annule A, B, C, annule aussi
A + λB + μC.

Et réciproquement, tout système de valeurs qui annule A, B et
A + λB + μC annule aussi C.

3. *Méthode des coefficients indéterminés.*

Voici en quoi consiste cette méthode.

Soit un système de $n$ équations du 1$^{er}$ degré à $n$ inconnues.

$$ax + by + cz\ldots = k$$
$$a_1x + b_1y + c_1z\ldots = k_1$$
$$a_2x + b_2y + c_2z\ldots = k_2$$
$$\ldots\ldots\ldots\ldots\ldots$$
$$a_{n-1}x + b_{n-1}y + c_{n-1}z\ldots = k_{n-1}.$$

Ajoutons ces équations membre à membre, après avoir multiplié la
2$^e$ par $\lambda_1$, la 3$^e$ par $\lambda_2$, la $n^{me}$ par $\lambda_{n-1}$. Nous obtiendrons l'équation

(α) $\quad x(a+a_1\lambda_1+a_2\lambda_2\ldots+a_{n-1}\lambda_{n-1}) + y(b+b_1\lambda_1+b_2\lambda_2\ldots+b_{n-1}\lambda_{n-1}) +$
$\quad\quad +z(c+c_1\lambda_1+c_2\lambda_2\ldots+c_{n-1}\lambda_{n-1})\ldots=k+k_1\lambda_1+k_2\lambda_2\ldots+k_{n-1}\lambda_{n-1}.$

Les quantités $\lambda_1$, $\lambda_2$, $\lambda_{n-1}$ étant arbitraires, nous pouvons en disposer
de manière que les coefficients de toutes les inconnues sauf une soient
nuls. Si le coefficient de $x$ n'est pas nul, nous aurons pour déterminer
les $n-1$ quantités $\lambda_1$, $\lambda_2\ldots$, $\lambda_{n-1}\ldots$ les $n-1$ équations

$$b + b_1\lambda_1 + b_2\lambda_2\ldots + b_{n-1}\lambda_{n-1} = 0$$
$$c + c_1\lambda_1 + c_2\lambda_2\ldots + c_{n-1}\lambda_{n-1} = 0$$
$$\ldots\ldots\ldots\ldots\ldots\ldots$$

et $x$ sera donné par la formule

$$x = \frac{k + k_1\lambda_1\ldots + k_{n-1}\lambda_{n-1}}{a + a_1\lambda_1\ldots + a_{n-1}\lambda_{n-1}}.$$

Cette méthode ramène donc, comme la méthode de substitution, la
résolution de $n$ équations à $n$ inconnues à la résolution de $n-1$
équations à $n-1$ inconnues, et permet de résoudre par conséquent un
nombre quelconque d'équations du 1$^{er}$ degré contenant un nombre
égal d'inconnues.

# CHAPITRE VIII.

### PARTICULARITÉS QUI PEUVENT SE PRÉSENTER DANS LA RÉSOLUTION D'UNE ÉQUATION A UNE INCONNUE.

**1.** *Des symboles* $\dfrac{m}{0}$ *et* $\dfrac{0}{0}$.

Lorsqu'on résout une équation du 1ᵉʳ degré à une inconnue, on trouve pour l'inconnue une valeur de la forme

$$x = \frac{B}{A},$$

cette valeur est finie si A est différent de 0. Si A est très-petit, B conservant une valeur finie, cette valeur est très-grande, et si A tend vers 0, cette valeur tend vers l'infini. On dit quelquefois que le symbole $\dfrac{m}{0}$ est le symbole de l'impossibilité, et par là on entend qu'une équation de la forme

$$Ax = B$$

ne saurait être satisfaite pour aucune valeur finie de $x$ lorsque A = 0.

Si l'on a en même temps

$$A = 0 \qquad B = 0,$$

$x$ se présente sous la forme :

$$\frac{0}{0}.$$

On dit que le symbole $\dfrac{0}{0}$ est le symbole de l'indétermination, et par là on entend qu'une équation :

$$Ax = B$$

est satisfaite quelle que soit la valeur que l'on donne à $x$, lorqu'on a à la fois

$$A = 0 \qquad B = 0.$$

**2.** *De l'indétermination apparente.*

Lorsque dans l'équation

$$Ax = B$$

l'inconnue $x$ se présente sous la forme

$$\frac{0}{0},$$

ce symbole n'est pas toujours le signe d'une indétermination réelle; l'indétermination peut n'être qu'apparente. Le numérateur et le dénominateur de la valeur de $x$ peuvent avoir un rapport déterminé et s'annuler seulement à cause d'un facteur commun qu'une hypothèse particulière a réduit à zéro.

Supposons par exemple que l'on ait l'équation

$$3(a-1)x = (a^2-1),$$

d'où
$$x = \frac{a^2-1}{3(a-1)}.$$

Pour $a=1$, $x$ se présente sous la forme $\frac{0}{0}$; l'indétermination n'est qu'apparente et tient à la présence du facteur $a-1$, commun aux deux termes. Pour $a=1$, la valeur réelle de $x$ est

$$\frac{2}{3}.$$

Plus généralement, supposons qu'une expression algébrique

$$\frac{M}{N}$$

contienne plusieurs lettres $a$, $b$, $c$, $d$ et que les deux termes s'annulen simultanément

pour $a=\alpha$ quels que soient $b$, $c$, $d$,
pour $b=\beta$ quels que soient $a$, $c$, $d$,
pour $c=\gamma$ quels que soient $a$, $b$, $d$,

les deux termes de la fraction $\frac{M}{N}$ sont divisibles par

$$(a-\alpha)\,(b-\beta)\,(c-\gamma);$$

supprimant ces facteurs communs par des divisions successives et faisant ensuite

$$a=\alpha,\ b=\beta,\ c=\gamma\ldots$$

nous aurons la vraie valeur pour l'hypothèse considérée.

Exemple. Considérons la fraction

$$\frac{a^3b^2-9a^3-8b^2+72}{4ab-12a-8b+24}.$$

Les deux termes s'annulent pour $a=2$, $b=3$; supprimant aux deux termes les facteurs $(a-2)(b-3)$, il nous reste la fraction

$$\frac{(a^2 + 2a + 4)(b + 3)}{4}$$

qui prend la valeur 18 pour $a = 2$, $b = 3$.

# CHAPITRE IX.

RÉSOLUTION ET DISCUSSION DE DEUX ÉQUATIONS LITTÉRALES A DEUX INCONNUES.
MÉTHODE PRATIQUE POUR RÉSOUDRE TROIS ÉQUATIONS A TROIS INCONNUES.

Les équations littérales, c'est-à-dire où les coefficients des inconnues et les termes indépendants des inconnues sont des lettres, peuvent se résoudre comme les équations numériques. Les valeurs que l'on trouve pour les inconnues peuvent servir ensuite à résoudre les équations numériques en remplaçant les lettres par les valeurs qu'elles ont dans les équations numériques données.

1. *Formules pour la résolution de deux équations du $1^{er}$ degré à deux inconnues.*

Deux équations du $1^{er}$ degré à deux inconnues peuvent toujours se mettre sous la forme

$$[1] \qquad \begin{cases} ax + by = c \\ a'x + b'y = c', \end{cases}$$

$a$, $b$, $c$, $a'$, $b'$, $c'$ étant des quantités quelconques positives ou négatives. Si l'on emploie pour résoudre ces équations l'une quelconque des méthodes exposées dans le chapitre précédent, on trouve pour les inconnues les expressions suivantes :

$$[2] \qquad \begin{cases} x = \dfrac{cb' - bc'}{ab' - ba'}, \\ y = \dfrac{ac' - ca'}{ab' - ba'}. \end{cases}$$

2. *Ce que l'on entend par discuter un système d'équations.*

Lorsqu'on résout un système de $n$ équations littérales à $n$ inconnues, on est obligé, pour ne pas être arrêté dans les calculs, de faire certaines restrictions. Si l'on divise par une quantité, on suppose que cette quantité n'est pas nulle; la discussion a pour objet d'examiner si, lors de la mise en nombre, on peut se fier aux formules de résolution dans le cas d'une hypothèse non permise.

3. *Discussion de deux équations du $1^{er}$ degré à deux inconnues.*

La discussion de deux équations du $1^{er}$ degré à deux inconnues a pour objet de mettre en évidence la proposition suivante.

*Les formules de résolution ne sont jamais en défaut, même lorsqu'elles donnent pour les inconnues des valeurs de la forme $\frac{m}{0}$ ou $\frac{0}{0}$, dans le premier cas les équations sont réellement incompatibles, elles sont réellement indéterminées dans le deuxième.*

Pour démontrer cette proposition, je remarquerai que les quatre coefficients des inconnues, $a$, $b$, $a'$, $b'$, ne peuvent pas être nuls en même temps, sans quoi l'on n'aurait plus d'équations. Supposons $a \gtrless 0$; on peut remplacer le système des deux équations

$$(\alpha) \quad \begin{cases} ax + by = c \\ a'x + b'y = c' \end{cases}$$

par le système

$$(\beta) \quad \begin{cases} x = \dfrac{c - by}{a}, \\ a' \dfrac{c - by}{a} + b'y = c', \end{cases}$$

ou par le système

$$(\gamma) \quad \begin{cases} x = \dfrac{c - by}{a}, \\ (ab' - ba')y = ac' - ca'. \end{cases}$$

Cela posé, deux cas peuvent se présenter :

1° $$(ab' - ba') \gtrless 0;$$

le système $(\alpha)$ est équivalent au système $(\gamma)$; or la deuxième des équations $(\gamma)$ donne pour $y$ une valeur finie,

$$y = \frac{ac' - ca'}{ab' - ba'};$$

remplaçant $y$ dans la première équation $(\gamma)$ par cette valeur finie, on trouve pour $x$ la valeur finie,

$$x = \frac{cb' - bc'}{ab' - ba'};$$

donc les équations $(\alpha)$ sont satisfaites par les valeurs finies de $x$ et de $y$ données par les formules générales;

2° $$ab' - ba' = 0.$$

Si l'on a en même temps $ac' - ca' \gtrless 0$, les équations proposées sont incompatibles, car si elles admettaient des valeurs finies pour $x$ et $y$, ces valeurs vérifieraient les équations (γ) qui ont été déduites du système (α) par des transformations permises; or la deuxième des équations (γ) ne saurait être vérifiée par une valeur finie de $y$.

Si l'on a en même temps

$$ab' - ba' = 0 \quad \text{et} \quad ac' - ca' = 0,$$

les équations sont indéterminées, car le système (γ) est équivalent au système (α), et la deuxième des équations (γ) est satisfaite quel que soit $y$.

Remarques. On peut démontrer que si l'une des inconnues se présente sous la forme $\frac{0}{0}$ ou $\frac{m}{0}$, l'autre inconnue se présente sous la même forme (*), et mettre l'indétermination ou l'impossibilité en évidence sur les équations elles-mêmes en prouvant que, dans le premier cas, la deuxième des équations (α) peut s'obtenir en multipliant les deux termes de la première par un même nombre et dans le deuxième cas par des nombres différents.

### 4. Résolution de trois équations à trois inconnues.

Trois équations du 1er degré à trois inconnues peuvent toujours se mettre sous la forme

$$\begin{aligned}
ax + by + cz &= d \\
a'x + b'y + c'z &= d' \\
a''x + b''y + c''z &= d''.
\end{aligned} \tag{1}$$

En employant pour les résoudre l'une quelconque des méthodes indiquées dans le chapitre précédent, on trouve pour les inconnues les valeurs suivantes :

$$\left.\begin{aligned}
x &= \frac{db'c'' - dc'b'' + cd'b'' - bd'c'' + bc'd'' - cb'd''}{ab'c'' - ac'b'' + ca'b'' - ba'c'' + bc'a'' - cb'a''} \\
y &= \frac{ad'c'' - ac'd'' + ca'd'' - da'c'' + dc'a'' - cd'a''}{ab'c'' - ac'b'' + ca'b'' - ba'c'' + bc'a'' - cb'a''} \\
z &= \frac{ab'd'' - ad'b'' + da'b'' - ba'd'' + bd'a'' - db'a''}{ab'c'' - ac'b'' + ca'b'' - ba'c'' + bc'a'' - cb'a''}
\end{aligned}\right\} \tag{2}$$

Ces formules sont trop compliquées pour que la mémoire puisse les retenir, mais elles peuvent s'obtenir très-simplement par la règle mnémonique suivante qui est due à Sarrus.

Écrivez sur trois lignes horizontales les coefficients des inconnues dans les trois premières équations, et placez au-dessous sur deux autres lignes horizontales les coefficients des inconnues des deux premières équations, vous aurez en tout cinq lignes horizontales ; vous parcourrez ces lignes en diagonales à partir de la première en allant de droite à gauche et de gauche à droite. En allant dans le premier sens vous trou-

---

(*) Il faut excepter le cas où les coefficients d'une même inconnue dans les deux équations seraient simultanément nuls.

verez les termes positifs du dénominateurs, en allant dans le deuxième sens vous trouverez les termes négatifs.

$$\begin{matrix} a & b & c \\ a' & b' & c' \\ a'' & b'' & c'' \\ a & b & c \\ a' & b' & c' \end{matrix}$$

Les termes positifs du dénominateur sont

$$+ ab'c'', \quad + a'b''c, \quad + a''bc';$$

les termes négatifs sont

$$- cb'a'', \quad - c'b''a, \quad - c''ba'.$$

Quant au numérateur de l'une des inconnues, il se déduit du dénominateur en remplaçant les coefficients de cette inconnue par les termes connus correspondants.

La règle de Sarrus peut s'appliquer a des équations numériques. Soit, par exemple, le système suivant :

$$2x - 3y + 4z = 7$$
$$- 5x - 8y + 10z = 12$$
$$- x + y - z = 1$$

J'applique la règle de Sarrus :

$$\begin{matrix} 2 & -3 & +4 \\ -5 & -8 & +10 \\ -1 & +1 & -1 \\ 2 & -3 & +4 \\ -5 & -8 & +10 \end{matrix}$$

Le dénominateur sera :

$$(+2 \times -8 \times -1) + (-5 \times 1 \times 4)$$
$$+ (-1 \times -3 \times 10) - (4 \times -8 \times -1) - (10 \times 1 \times 2)$$
$$- (-1 \times -3 \times -5) = -103.$$

Le numérateur de $x$ se déduira, de la même manière, du tableau suivant :

$$\begin{matrix} 7 & -3 & +4 \\ 12 & -8 & +10 \\ 1 & +1 & -1 \\ 7 & -3 & +4 \\ 12 & -8 & +10 \end{matrix}$$

Le numérateur sera égal à

$$+ (7 \times -8 \times -1) + (12 \times 1 \times 4) + (1 \times -3 \times 10)$$
$$- (4 \times -8 \times +1) - (10 \times 1 \times 7) - (-1 \times -3 \times 12) = 0.$$

# CHAPITRE X.

### APPLICATION DE L'ALGÈBRE A LA RÉSOLUTION DES PROBLÈMES.
### DE LA MISE EN ÉQUATION D'UN PROBLÈME.

**1.** La résolution d'un problème par l'algèbre comprend trois parties :

1° *La mise en équation du problème*, c'est-à-dire la recherche des relations qui lient les quantités données et les quantités cherchées ;

2° *La résolution des équations* ;

3° *La discussion du problème*, c'est-à-dire la recherche des conditions auxquelles doivent satisfaire les données du problème pour que le problème soit possible et l'interprétation des particularités que peuvent présenter les équations du problème.

Nous chercherons à définir avec soin le rôle que joue l'algèbre dans la résolution des problèmes.

**2.** *Mise en équation d'un problème.*

La mise en équation d'un problème est la traduction, dans le langage de l'algèbre, des relations qui existent entre les données et les inconnues. L'algèbre ne peut pas servir à trouver ces relations, il faut les demander à la géométrie, à la physique, à la mécanique, suivant la nature du problème que l'on résout. On peut cependant énoncer un principe général qui peut servir de guide pour la mise en équation des problèmes, et qui constitue, non une règle d'algèbre, mais un principe de philosophie commun à toutes les sciences.

*On indique sur les lettres* $x$, $y$, $z$... *qui représentent les inconnues, et sur les données numériques ou littérales, les opérations que l'on devrait effectuer si, après avoir trouvé les valeurs des inconnues, on voulait vérifier si elles satisfont aux conditions de l'énoncé ; ces indications d'opérations fournissent généralement les équations du problème.*

**3.** *Emploi des inconnues auxiliaires.*

Il y a des cas où l'on n'aperçoit pas la marche à suivre pour vérifier les valeurs des inconnues si ces valeurs étaient trouvées, mais où l'adjonction de certaines quantités connues permettrait de faire cette vérification. Dans ce cas, on prend ces quantités comme inconnues auxiliaires, et si le problème est réellement déterminé, ces inconnues auxiliaires disparaissent d'elles-mêmes dans le calcul.

Prenons pour exemple le problème suivant, énoncé pour la première fois par Newton.

*Soient* $s$, $s'$, $s''$ *les superficies de 3 prés, dans lesquels l'herbe est d'égale hauteur et croît d'un mouvement uniforme. Le 1er pré a nourri* $n$ *bœufs pendant t jours ; le 2ᵉ pré n' bœufs pendant t' jours : on demande combien de bœufs le 3ᵉ pré pourra nourrir pendant t" jours.*

Soit $x$ le nombre cherché. On est embarrassé pour mettre le problème en équation parce qu'on n'aperçoit pas la relation qui lie $x$ aux données ; mais supposons, pour un instant, qu'on connaisse la hauteur actuelle $h$ de l'herbe dans les prés, la vitesse $v$ avec laquelle elle pousse, et la quantité $m$ que chaque bœuf mange dans un jour, $m$ étant évalué en mètres cubes. Il est facile alors de vérifier la valeur de $x$ supposé connu, $x$ doit satisfaire à l'équation

$$xmt'' = (h + t''v)s'';$$

mais les inconnues auxiliaires $h, v, m$ doivent satisfaire aussi aux deux équations

$$nmt = (h + vt)s,$$
$$n'mt' = (h + vt')s';$$

bien qu'il y ait trois équations et quatre inconnues, le problème est déterminé parce que les inconnues auxiliaires n'entrent que par leur rapport. Prenons pour inconnues les quantités $\dfrac{m}{h}, \dfrac{v}{h}$, les équations deviennent :

$$x\frac{m}{h}t'' = \left(1 + t''\frac{v}{h}\right)s'',$$
$$n\frac{m}{h}t = \left(1 + \frac{v}{h}t\right)s,$$
$$n'\frac{m}{h}t' = \left(1 + \frac{v}{h}t'\right)s'.$$

Éliminant $\dfrac{m}{h}$ et $\dfrac{v}{h}$ entre ces trois équations, on trouve pour $x$ la valeur

$$x = \frac{n't'(t''-t)s + nt(t'-t'')s'}{t'-t} \times \frac{s''}{ss'}.$$

On voit par cet exemple que les inconnues auxiliaires servent pour ainsi dire de pont entre les données et les inconnues.

Nous définirons plus loin le rôle que joue l'algèbre dans la discussion des problèmes.

# CHAPITRE XI.

INTERPRÉTATION DES QUANTITÉS NÉGATIVES TROUVÉES POUR SOLUTION D'UN PROBLÈME. — INTRODUCTION DES QUANTITÉS NÉGATIVES DANS LES DONNÉES D'UN PROBLÈME.

1. Une quantité négative n'ayant par elle-même aucun sens, lorsqu'on trouve une quantité négative comme solution d'un problème, on doit en conclure que le problème est impossible. Toutefois, on peut se proposer d'interpréter la solution négative, c'est-à-dire de chercher de quelle manière on peut modifier l'énoncé du problème pour qu'il ait pour solution la quantité négative changée de signe. Cette interprétation n'est pas du ressort de l'algèbre; mais l'algèbre fournit un principe qui peut servir de guide dans cette interprétation. Ce principe est le suivant.

THÉORÈME. *Si une équation a pour solution* $x = -\alpha$, *en changeant dans cette équation* $x$ *en* $-x$, *la nouvelle équation aura pour solution la quantité négative changée de signe.*

Soit l'équation

$$(1) \qquad ax + b = cx + d$$

qui a pour solution

$$x = -\alpha.$$

On a l'égalité

$$-a\alpha + b = -c\alpha + d,$$

or cette égalité est précisément ce que devient l'équation

$$(2) \qquad -ax + b = -cx + d;$$

si l'on substitue $\alpha$ à $x$ dans cette équation.

Dès lors, *pour interpréter une quantité négative trouvée comme solution d'un problème, il faut, dans l'équation du problème, changer* $x$ *en* $-x$ *et voir comment on peut modifier l'énoncé du problème pour qu'il corresponde à cette nouvelle équation.*

Ce principe s'étend à plusieurs équations du 1er degré, et la démonstration se fait de la même manière.

Exemple : *Etant donné un triangle* **ABC** *, mener parallèlement à la base* **BC** *du triangle une droite* **DE** *qui ait une longueur donnée.*

Fig. 1.

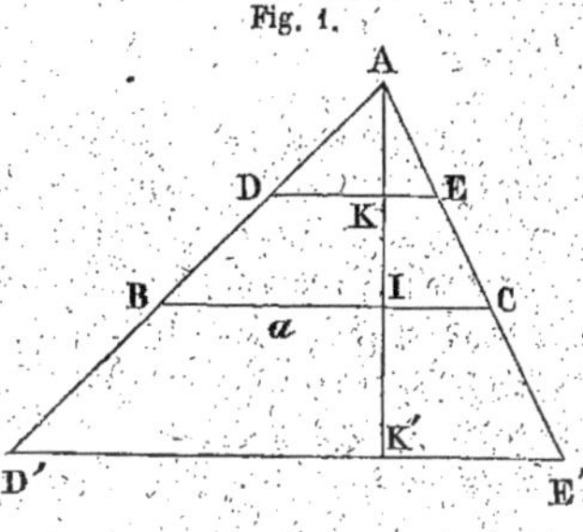

Soit $d$ la longueur donnée, $a$ la base du triangle, $h$ sa hauteur, K le point de la hauteur par lequel il faut mener la parallèle cherchée. Désignons la hauteur IK par $x$; nous aurons pour déterminer $x$ l'équation

$$(1) \quad \frac{h-x}{h} = \frac{d}{a},$$
$$ah - ax = hd,$$
$$x = \frac{h(a-d)}{a}.$$

Si l'on a $d > a$, la quantité $x$ sera négative.

Pour interpréter cette quantité négative changeons dans (1) $x$ en $-x$, nous aurons la nouvelle équation

$$(2) \quad \frac{h+x}{h} = \frac{d}{a}.$$

La géométrie nous permet d'interpréter facilement cette nouvelle équation et nous montre qu'il faut mener la parallèle D'E' au-dessous de la base, l'inconnue $x$ devant être comptée dans le sens IK'.

En général, lorsque l'inconnue d'un problème est une grandeur susceptible d'être comptée dans deux sens différents, comme une longueur, le temps, etc., une valeur négative trouvée pour l'inconnue du problème indique que la direction suivant laquelle on doit compter la grandeur doit être changée; mais il faut, pour que cette interprétation soit légitime, que la mise en équation du problème dans la nouvelle hypothèse fournisse une équation qui se déduise de la première par le changement de $x$ en $-x$. Cette circonstance ne se réalise pas toujours; elle n'a pas lieu, par exemple, dans le problème suivant.

Problème. *Une compagnie de chemins de fer prend pour le transport des marchandises un droit proportionnel de 10 centimes par tonne et par kilomètre, plus un droit fixe de 2 francs par wagon de 10 tonnes. On demande à quelle distance elle pourra transporter 200 tonnes pour 20 francs?*

L'équation du problème a pour solution une quantité négative; on ne peut pas l'interpréter en disant que la distance doit être comptée dans un sens différent de la direction qu'on lui avait supposée pour mettre le problème en équation. Car, dans le cas actuel, un changement de sens dans la direction à parcourir ne change rien au prix du transport.

### 2. *Introduction des quantités négatives dans les données d'un problème.*

Lorsque les données d'un problème sont des grandeurs susceptibles d'être comptées dans deux sens différents, il y a avantage à affecter ces grandeurs d'un signe, à les considérer comme positives quand elles sont comptées dans un certain sens, comme négatives quand elles sont comptées en sens contraire; cela permet de réduire à une seule les formules qui correspondent aux différents cas d'un même problème.

EXEMPLE. *On connaît les distances* a *et* b *de deux points* A *et* B *à une origine fixe* O; *trouver la distance de ces deux points.*

Fig. 2.

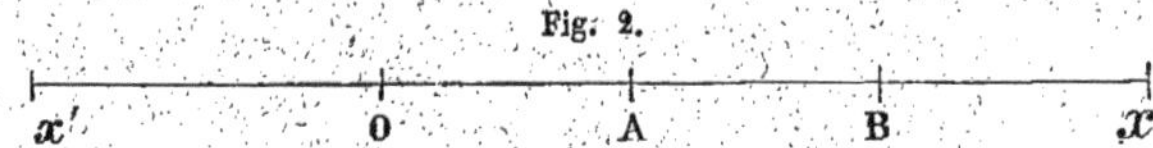


Lorsque les deux points sont à droite du point O (*fig.* 2) et que A est le premier des deux, la formule qui exprime la distance des deux points est

$$(1) \qquad d = b - a.$$

Cette formule exprimera la distance des deux points, ou moins cette distance, suivant que pour aller de A en B on marche dans le sens O$x$ ou en sens contraire, si les quantités $a$ et $b$ sont considérées comme positives quand elles sont comptées dans le sens O$x$, comme négatives quand elles sont comptées dans le sens O$x'$.

Si par exemple le point A est à gauche du point O (*fig.* 3), on a :

$$d = + AB = OA + OB = -a + b.$$

Fig. 3.

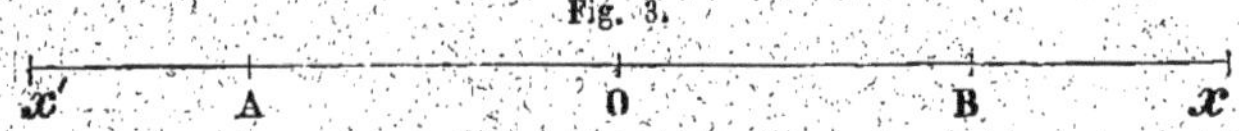


Si les deux points A et B sont à gauche du point O (*fig.* 4), on a :

$$d = -AB = -(OB - OA) = -(-b + a) = b - a.$$

Fig. 4.

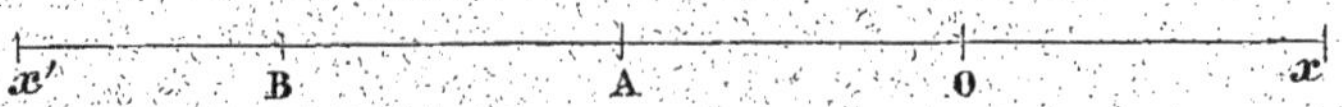


De cette manière on sait, non-seulement que la distance est toujours représentée en valeur absolue par

$$b - a,$$

mais on sait encore si elle est comptée dans le sens O$x$ ou dans le sens O$x'$, suivant que cette quantité est positive ou négative.

# CHAPITRE XII.

### DE LA DISCUSSION DES PROBLÈMES.

Lorsque les données d'un problème sont représentées par des lettres, on peut se proposer d'examiner les circonstances particulières que présentera le problème lorsqu'on assignera aux lettres des valeurs déterminées. L'examen des particularités que présentent les valeurs des inconnues et l'interprétation des circonstances qui en résultent pour le problème constituent la discussion du problème.

Pour se diriger dans cette discussion, on remarque que dans les problèmes conduisant à des équations du 1er degré, une inconnue ne peut se présenter que sous quatre formes : 1° une valeur positive ; 2° une valeur négative ; 3° une valeur infinie ; 4° une valeur indéterminée. D'après cela, on fera sur les données les hypothèses propres à faire prendre à chacune des inconnues l'une de ces quatre formes, et l'on cherchera à en déduire les circonstances qui en résultent relativement au problème.

Dans la discussion d'un problème par l'algèbre, il importe de distinguer ce qui est du ressort de l'algèbre et ce qui est pour ainsi dire en dehors d'elle. L'algèbre nous apprend à reconnaître dans quel cas une inconnue se présente sous l'une des quatre formes que nous avons énoncées, autrement dit elle permet de discuter les équations du problème, mais elle est impuissante pour reconnaître les circonstances qui résultent de la discussion des équations relativement au problème ; c'est par des considérations empruntées à la géométrie, à la physique ou à la mécanique qu'on parvient à atteindre ce dernier résultat, suivant la nature du problème dont on s'occupe.

EXEMPLE. *Inscrire dans un triangle un rectangle de périmètre donné.*

Soient $b$ et $h$ la base et la hauteur du triangle, $2p$ le périmètre donné, $x$ et $y$ les deux côtés du rectangle.

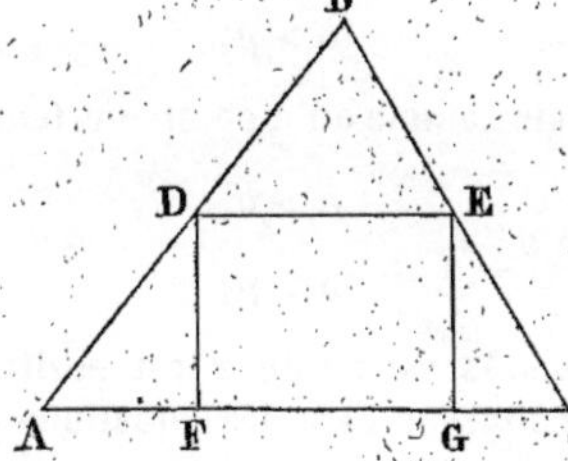


Les équations du problème sont :

$$(1) \qquad x + y = p,$$

$$(2) \qquad \frac{x}{b} = \frac{h - y}{h}.$$

Ces équations donnent pour $x$ et $y$ les valeurs suivantes :

$$x = \frac{b(h - p)}{h - b} \qquad y = \frac{h(p - b)}{h - b}.$$

3

DISCUSSION. 1° $h > b$. Il faut, pour que les valeurs de $x$ et de $y$ soient positives, que l'on ait

$$h > p \quad \text{et} \quad p > b;$$

autrement dit, $p$ doit être compris entre $h$ et $b$; d'ailleurs, si les valeurs de $x$ et de $y$ sont positives, elles conviennent au problème, car

$$p > b,$$

$$\frac{h - p}{h - b} \text{ est } < 1, \quad x < b,$$

et

$$h > p \quad \frac{p - b}{h - b} < 1$$

$y$ est $< h$.

Pour que la valeur de $x$ soit négative il faut que l'on ait

$$h < p.$$

Cette hypothèse, rapprochée de celle qui a été faite au commencement de la discussion,

$$h > b,$$

nous donne

$$p > b;$$

donc la valeur de $y$ est positive. Pour interpréter la valeur négative trouvée pour $x$, il faut, dans les équations du problème, changer $x$ en $-x$ et voir comment il faut modifier l'énoncé du problème pour qu'il corresponde à ces nouvelles équations. On obtient ainsi les équations

$$y - x = p, \quad \frac{x}{b} = \frac{y - h}{h}.$$

Ces équations correspondent au problème suivant :

*Inscrire un rectangle dont la hauteur surpasse la base de p dans un triangle, de manière qu'il ait deux sommets sur la base et deux sommets sur les deux autres côtés prolongés au delà du sommet du triangle.*

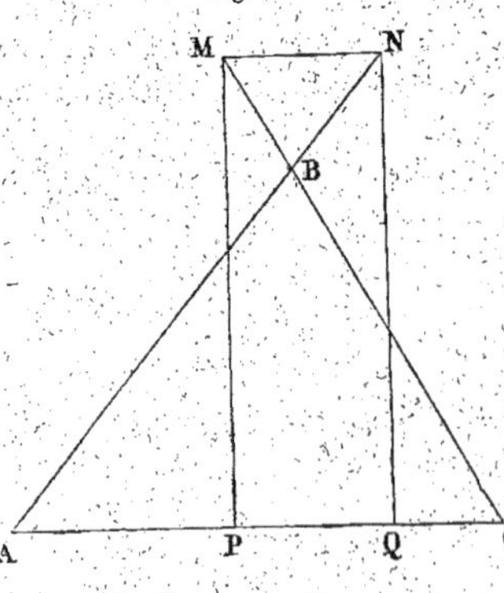


Pour que la valeur de $y$ soit négative, il faut qu'on ait

$$b > p;$$

mais comme on a en même temps

$$h > b,$$

on a

$$h > p;$$

donc la valeur de $x$ est positive. Changeons dans les équations du problème $y$ en $-y$, nous aurons les nouvelles équations :

$$x - y = p, \quad \frac{x}{b} = \frac{h + y}{h}.$$

Il est facile de voir que ces nouvelles équations correspondent au problème suivant :

*Inscrire dans un triangle dont deux côtés ont été prolongés au delà de la base un rectangle dans lequel la différence entre la base et la hauteur soit égale à p.*

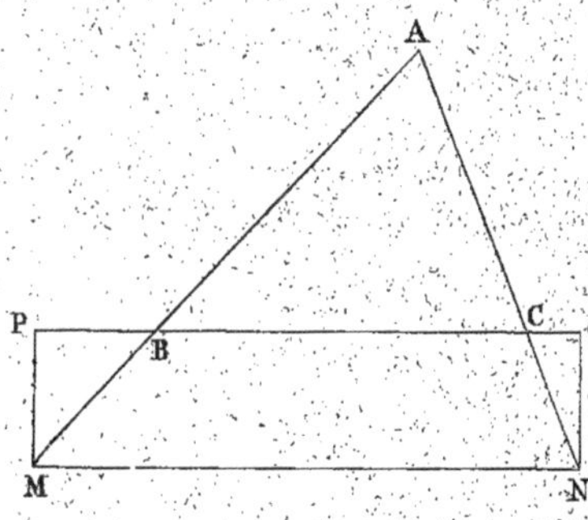

Fig. 7.

2° $h < b$, on arrive aux mêmes conclusions que dans le cas précédent.

3° $h = b$. Supposons que l'on ait en même temps

$$p = b,$$

les valeurs de $x$ et de $y$ sont indéterminées. La géométrie nous fait comprendre la raison de cette indétermination en nous montrant que, dans le cas actuel, le périmètre d'un rectangle quelconque inscrit est égal au double de la hauteur.

Enfin si l'on a

$$p \gtrless b,$$

les valeurs de $x$ et de $y$ se présentent sous la forme $\frac{m}{0}$; le problème est impossible, et la géométrie nous montre encore la raison de cette impossibilité.

# CHAPITRE XIII.

### DES INÉGALITÉS.

1. *Définition.* On dit qu'une quantité $a$ est plus grande qu'une autre $b$ lorsque la différence $a - b$ est positive.

EXEMPLE.

$$5 > 3,$$
$$-5 > -7.$$

2. *Ce que l'on entend par inégalité.* Lorsque deux expressions algé-

briques sont réunies par le signe $>$ ou $<$, on a ce qu'on appelle une inégalité.

ExEMPLE. $\qquad 2x + 5 > 2x - 3.$

3. *Ce que l'on entend par résoudre une inégalté.* Lorsqu'une inégalité renferme une variable, c'est déduire de l'inégalité les limites entre lesquelles elle doit être comprise.

Cette résolution repose sur les principes suivants :

1er PRINCIPE. *En ajoutant ou en retranchant une même quantité aux deux membres, on forme une nouvelle inégalité équivalente à la première.*

Car l'ordre de grandeur des quantités $a$ et $c$ ou $a + d$ et $c + d$ est évidemment le même.

*Application.* Ce principe permet de faire passer un terme d'un membre de l'inégalité dans un autre, à la condition de changer son signe.

ExEMPLE. L'inégalité

$$4x - 5 > 2x + 11$$

équivaut à

$$4x - 2x > 11 + 5,$$
$$2x > 16,$$
$$x > 8.$$

2e PRINCIPE. *On ne change pas le sens d'une inégalité en multipliant les deux membres par une quantité positive; on change le sens d'une inégalité en multipliant les deux membres par une quantité négative.*

Supposons, pour fixer les idées, $a$ et $b$ positifs. Si l'on a

$$a > b,$$

on aura évidemment

$$5a > 5b$$

et

$$-5a < -5b,$$

puisqu'une quantité négative est d'autant plus petite que sa valeur absolue est plus grande; ces résultats subsistent si l'une des quantités $a$ et $b$ était négative ou si elles l'étaient toutes les deux.

*Conséquence.* Ces deux principes permettent de résoudre une inégalité du 1er degré comme on résout une équation du 1er degré.

ExEMPLE. Si l'on a

$$\frac{4}{3} x + 4 > 2x - 7,$$

on en déduit

$$4x + 12 > 6x - 21,$$
$$33 > 2x,$$
$$x < \frac{33}{2}.$$

# CHAPITRE XIV.

## ÉQUATIONS DU DEUXIÈME DEGRÉ.

Avant de nous occuper de la résolution des équations du $2^e$ degré, nous ferons les deux remarques suivantes :

1° *La racine carrée d'une quantité positive a deux valeurs.*

Ainsi 25 a deux racines carrées, $+5$ et $-5$.

2° *La racine carrée d'une quantité négative ne pouvant être représentée ni par une quantité positive ni par une quantité négative, on dit que c'est une quantité imaginaire.*

*Définition.* Une équation est dite du $2^e$ degré lorsque l'exposant de la plus haute puissance de l'inconnue dans cette équation est 2.

Une équation du $2^e$ degré à une inconnue peut toujours se ramener à la forme

$$ax^2 + bx + c = 0,$$

$a$, $b$, $c$ étant des quantités quelconques entières ou fractionnaires, positives ou négatives.

### 1. Résolution de l'équation du $2^e$ degré.

Soit l'équation du $2^e$ degré

$$(1) \qquad ax^2 + bx + c = 0.$$

On peut toujours supposer $a$ différent de zéro, puisque si $a$ était nul l'équation s'abaisserait au $1^{er}$ degré. Dès lors en multipliant les deux membres de l'équation (1) par $4a$, on obtient l'équation équivalente

$$(2) \qquad 4a^2x^2 + 4abx = -4ac,$$

ou

$$4a^2x^2 + 4abx + b^2 = b^2 - 4ac,$$
$$(3) \qquad (2ax + b)^2 = b^2 - 4ac.$$

Cela posé, trois cas peuvent se présenter :

1° $b^2 - 4ac$ est positif ;

$2ax + b$ a les deux valeurs

$$+ \sqrt{b^2 - 4ac}, \quad - \sqrt{b^2 - 4ac},$$

et, par suite, $x$ a les deux valeurs

$$\frac{-b + \sqrt{b^2 - 4ac}}{2a}, \quad \frac{-b - \sqrt{b^2 - 4ac}}{2a}.$$

Ainsi l'équation a deux racines réelles et inégales lorsque $b^2 - 4ac$ est positif.

On peut remarquer que $b^2 - 4ac$ sera toujours positif lorsque $a$ et $c$ seront de signes contraires.

2° $b^2 - 4ac = 0$ ; l'équation (3) se réduit à

$$(2ax + b)^2 = 0,$$

ou

$$2ax + b = 0,$$

$$x = -\frac{b}{2a};$$

de sorte que l'inconnue $x$ n'a qu'une valeur. Néanmoins, on dit que dans le cas de $b^2 - 4ac = 0$, l'équation (1) a deux racines égales.

3° $b^2 - 4ac < 0$ ; l'équation (3) n'admet pas de solution positive ou négative, car le premier membre, qui est un carré parfait, ne saurait être égal à une quantité négative. Cependant on convient de dire que l'équation (1) a encore deux racines représentées par la formule

$$x = \frac{-b \pm \sqrt{b^2 - 4ac}}{2a}$$

et que ces racines sont imaginaires.

Il est facile de vérifier qu'en substituant ces expressions à l'inconnue, on rend l'équation (1) identique, pourvu qu'on traite ces racines carrées de quantités négatives suivant les règles ordinaires de l'algèbre et qu'on regarde leurs carrés comme s'obtenant par la suppression du radical.

REMARQUES. Si le coefficient de $x^2$ est égal à l'unité, l'équation du 2° degré se présente sous la forme

$$x^2 + px + q = 0,$$

et l'on trouve pour $x$ les deux valeurs :

$$x = -\frac{p}{2} \pm \sqrt{\frac{p^2}{4} - q}$$

Enfin, si dans l'équation :

$$ax^2 + bx + c = 0$$

le coefficient de $x$ est divisible par 2, la formule de résolution se simplifie ; si l'on pose $b' = \frac{b}{2}$, on a pour l'inconnue $x$ les valeurs

$$x = \frac{-b' \pm \sqrt{b'^2 - ac}}{a}.$$

### 2. *Examen du cas où a est égal à 0.*

Lorsque dans l'équation

$$ax^2 + bx + c = 0,$$

le coefficient $a$ est égal à 0, l'équation se réduit au 1$^{er}$ degré et donne pour l'inconnue $x$ la valeur

$$x = -\frac{c}{b}.$$

D'un autre côté, si dans la formule de résolution

$$x = \frac{-b \pm \sqrt{b^2 - 4ac}}{2a},$$

on fait $a = 0$, on trouve deux valeurs, l'une de la forme

$$\frac{m}{0}, \qquad \text{et l'autre de la forme} \qquad \frac{0}{0}.$$

Il n'y a rien d'étonnant à ce qu'il y ait contradiction entre l'équation et la formule de résolution, puisque nous nous trouvons dans le cas d'une hypothèse non permise. Néanmoins, il est facile de voir que pour la valeur qui se présente sous la forme $\frac{0}{0}$, l'indétermination est apparente. En effet, multipliant les deux termes de l'expression

$$\frac{-b + \sqrt{b^2 - 4ac}}{2a}$$

par

$$-b - \sqrt{b^2 - 4ac},$$

il vient

$$x'' = \frac{4ac}{2a(-b - \sqrt{b^2 - 4ac})},$$

qui, après la suppression du facteur commun $2a$, donne pour $a = 0$

$$x'' = \frac{-c}{b}.$$

### 3. *Relations entre les coefficients et les racines.*

Dans toute équation du 2$^e$ degré de la forme

$$ax^2 + bx + c = 0,$$

la somme des racines est égale à $\dfrac{-b}{a}$ et le produit des racines à $\dfrac{c}{a}$.

En effet, en ajoutant les deux quantités :

$$x' = \frac{-b + \sqrt{b^2 - 4ac}}{2a}, \qquad x'' = \frac{-b - \sqrt{b^2 - 4ac}}{2a},$$

on trouve
$$-\frac{b}{a};$$

En faisant le produit, on trouve

$$\frac{c}{a}.$$

Si l'équation du 2ᵉ degré se présente sous la forme

$$x^2 + px + q = 0,$$

on a :
$$x' + x'' = -p,$$
$$x'x'' = q.$$

Ces relations permettent de déterminer immédiatement les signes des racines d'une équation du 2ᵉ degré, et de former une équation du 2ᵉ degré dont on connaît par avance les deux racines.

Les deux racines d'une équation du 2ᵉ degré sont de même signe ou de signes contraires, suivant que la quantité $\frac{c}{a}$ est positive ou négative, et la plus grande en valeur absolue a le même signe que la quantité $\frac{-b}{a}$.

Pour former l'équation ayant pour racines deux quantités données $\alpha$, $\beta$, il suffit, d'après ce que nous venons de dire, d'écrire l'équation

$$x^2 - (\alpha + \beta)x + \alpha\beta = 0.$$

# CHAPITRE XV.

### PROPRIÉTÉS DU TRINOME DU 2ᵉ DEGRÉ ET RÉSOLUTION DES INÉGALITÉS DU 2ᵉ DEGRÉ.

Les propriétés les plus essentielles du trinôme du 2ᵉ degré

$$ax^2 + bx + c$$

sont résumées dans les théorèmes suivants :

1. **Théorème.** *Tout trinôme du 2ᵉ degré*

$$ax^2 + bx + c$$

*est égal au produit du coefficient* a *par les facteurs* x — x′, x — x″, *formés en retranchant de* x *les racines de l'équation obtenue en égalant le trinôme à* 0.

En effet, on a identiquement :

$$ax^2 + bx + c = a\left(x^2 + \frac{b}{a}x + \frac{c}{a}\right) = a\left[\left(x + \frac{b}{2a}\right)^2 - \frac{(b^2 - 4ac)}{4a^2}\right]$$

$$= a\left[x + \frac{b}{2a} + \frac{\sqrt{b^2 - 4ac}}{2a}\right]\left[x + \frac{b}{2a} - \frac{\sqrt{b^2 - 4ac}}{2a}\right]$$

Or les deux quantités

$$\frac{b}{2a} + \frac{\sqrt{b^2 - 4ac}}{2a}, \quad \frac{b}{2a} - \frac{\sqrt{b^2 - 4ac}}{2a}$$

sont les racines de l'équation obtenue en égalant le trinôme à zéro, changées de signes ; on a donc

$$ax^2 + bx + c = a(x - x')(x - x'').$$

Le théorème suivant est également très-utile, en ce qu'il permet de reconnaître le signe du trinôme

$$ax^2 + bx + c$$

pour une valeur quelconque de la variable, sans effectuer la substitution de cette valeur dans le trinôme.

2. **Théorème.** *Lorsque l'équation obtenue en égalant le trinôme*

$$ax^2 + bx + c$$

*à* 0 *a ses racines imaginaires, le trinôme a toujours le signe de son premier terme, quelle que soit la valeur que l'on donne à* x.

*Lorsque l'équation obtenue en égalant le trinôme à* 0 *a ses racines réelles, le trinôme a le signe de son premier terme pour toute valeur de* x *qui n'est pas comprise entre les racines. Pour toute valeur comprise entre les racines, il a un signe contraire.*

1° L'équation obtenue en égalant le trinôme à 0 a ses racines imaginaires. Dans ce cas on a identiquement

$$ax^2 + bx + c = a\left[\left(x + \frac{b}{2a}\right)^2 + \frac{4ac - b^2}{4a^2}\right].$$

Le trinôme est le produit de *a* par une somme de deux carrés, puisque la quantité $4ac - b^2$ est positive ; il a donc constamment le signe de *a*.

2° L'équation

$$ax^2 + bx + c = 0$$

a ses racines réelles; si on les désigne par $x'$ et $x''$, on a identiquement

$$ax^2 + bx + c = a(x - x')(x - x'').$$

Pour toute valeur de $x < x'$ ou $> x''$ le produit $(x - x')(x - x'')$ est positif et le trinôme a le signe de $a$.

Pout toute valeur de $x$ comprise entre $x'$ et $x''$, le produit $(x - x')(x - x'')$ est négatif et le trinôme a un signe contraire à celui de $a$.

### RÉSOLUTION DES INÉGALITÉS DU 2ᵉ DEGRÉ.

*DÉFINITION. Résoudre une inégalité du 2ᵉ degré, c'est trouver les limites entre lesquelles on peut faire varier* x *pour qu'un trinôme donné*

$$ax^2 + bx + c,$$

*reste positif ou négatif.*

Je distinguerai deux cas, suivant que l'équation obtenue en égalant le trinôme à zéro a ses racines imaginaires ou réelles.

$$1° \qquad b^2 - 4ac < 0.$$

Supposons, pour fixer les idées, que l'on demande quelles valeurs on peut donner à $x$ pour satisfaire à l'inégalité

$$ax^2 + bx + c > 0.$$

Nous savons, d'après le théorème (2), que pour toute valeur de $x$ le trinôme conserve le signe de $a$; donc si $a$ est positif, l'inégalité aura lieu quel que soit $x$; si $a$ est négatif, il n'existera aucune valeur réelle de $x$ pouvant satisfaire à cette inégalité.

$$2° \qquad b^2 - 4ac > 0.$$

Supposons encore, pour fixer les idées, que l'on demande entre quelles limites on peut faire varier $x$ de manière à satisfaire à l'inégalité

$$ax^2 + bx + c > 0;$$

cette inégalité peut s'écrire

$$a(x - x')(x - x'') > 0,$$

$x'$ et $x''$ désignant les racines de l'équation

$$ax^2 + bx + c = 0.$$

Nous savons, d'après le théorème (2), que le trinôme a le signe de $a$ pour une valeur de $x$ plus petite que $x'$ ou plus grande que $x''$; que le trinôme a un signe contraire à $a$ pour une valeur de $x$ comprise entre $x'$ et $x''$. Donc, si $a$ est positif, on pourra donner à $x$ toutes les valeurs non comprises entre $x'$ et $x''$, et si $a$ est négatif, on ne pourra faire varier $x$ qu'entre $x'$ et $x''$.

# CHAPITRE XVI.

### RÉSOLUTION ET DISCUSSION DE L'ÉQUATION BICARRÉE.

—

1. On donne le nom d'équation bicarrée à une équation du $4^e$ degré, qui ne contient que les puissances paires de la variable. La résolution d'une équation bicarrée se ramène immédiatement à la résolution d'une équation du $2^e$ degré.

Soit l'équation

$$ax^4 + bx^2 + c = 0.$$

Posons

$$x^2 = y,$$

il vient

$$ay^2 + by + c = 0,$$

d'où

$$y = \frac{-b \pm \sqrt{b^2 - 4ac}}{2a},$$

$$x = \pm \sqrt{y} = \pm \sqrt{\frac{-b \pm \sqrt{b^2 - 4ac}}{2a}}$$

2. *Discussion.* Pour que l'équation bicarrée ait ses quatre racines réelles, il est nécessaire et suffisant que l'équation en $y$ ait ses racines positives. Ce qui exige que l'on ait

$$b^2 - 4ac > 0, \quad \frac{c}{a} > 0, \quad \frac{b}{a} < 0,$$

puisqu'il faut qu'elles soient réelles et que leur produit soit positif ainsi que leur somme.

Pour que l'équation bicarrée ait deux racines réelles et deux racines imaginaires, il est nécessaire et suffisant que l'équation en $y$ ait ses deux racines réelles et de signes contraires. Ceci donne lieu à la condition unique

$$\frac{c}{a} < 0,$$

car cette condition entraîne la condition de réalité des racines

$$b^2 - 4ac > 0.$$

Enfin, pour que l'équation bicarrée ait ses quatre racines imaginaires, il faut, ou que l'équation en $y$ ait ses racines négatives, ou que l'équation en $y$ ait ses racines imaginaires.

# CHAPITRE XVII.

### TRANSFORMATION DES EXPRESSIONS DE LA FORME $\sqrt{A + \sqrt{B}}$ EN UNE SOMME DE DEUX RADICAUX SÉPARÉS.

La résolution de l'équation bicarrée conduit à des expressions de la forme $\sqrt{A + \sqrt{B}}$; on peut dans certains cas les transformer en d'autres de la forme

$$\sqrt{x} + \sqrt{y},$$

$x$ et $y$ étant des quantités commensurables.

Supposons que l'on ait l'égalité

$$(1) \qquad \sqrt{A + \sqrt{B}} = \sqrt{x} + \sqrt{y};$$

élevant les deux membres au carré, il viendra

$$(2) \qquad A + \sqrt{B} = x + y + 2\sqrt{xy},$$
$$(A - x - y) + \sqrt{B} = 2\sqrt{xy}.$$

J'élève de nouveau au carré, il vient

$$(A - x - y)^2 + B + 2(A - x - y)\sqrt{B} = 4xy.$$

Le deuxième membre de cette dernière égalité est commensurable; il faut donc que le premier le soit, ce qui exige que l'on ait

$$A - x - y = 0,$$
$$A = x + y;$$

partant, il vient

$$B = 4xy;$$

$x$ et $y$ sont donc les racines de l'équation du 2ᵉ degré

$$U^2 - AU + \frac{B}{4} = 0.$$

Cette équation aura ses racines réelles si la quantité $A^2 - B$ est positive, mais elles ne seront commensurables que si la quantité $A^2 - B$ est un carré parfait; il n'y a que dans ce cas seulement qu'il y aurait avantage à remplacer l'expression proposée par une autre de la forme

$$\sqrt{x} + \sqrt{y}.$$

Pour déterminer les signes des deux radicaux $\sqrt{x}$, $\sqrt{y}$, il suffit de remarquer que la quantité A étant égale à $x + y$, on a d'après l'équation (2)

$$2\sqrt{xy} = \sqrt{B}.$$

Dès lors les deux radicaux $\sqrt{x}$, $\sqrt{y}$ auront le même signe ou des signes contraires, suivant que $\sqrt{B}$ aura le signe $+$ ou le signe $-$; il est d'ailleurs évident que le plus grand des deux radicaux en valeur absolue devra être précédé du signe $+$ ou du signe $-$, suivant que dans l'expression proposée $\sqrt{A + \sqrt{B}}$ le premier radical est pris avec le signe $+$ ou le signe $-$.

# CHAPITRE XVIII.

### RÉSOLUTION D'UN SYSTÈME FORMÉ PAR UNE ÉQUATION DU 2ᵉ DEGRÉ ET UNE ÉQUATION DU 1ᵉʳ DEGRÉ, OU PAR DEUX ÉQUATIONS DU 2ᵉ DEGRÉ.

1. Proposons-nous de résoudre les deux équations

$$\text{(1)} \qquad ax^2 + bxy + cy^2 + dx + ey + f = 0,$$
$$\text{(2)} \qquad Ax + By + C = 0.$$

Le système des équations (1) et (2) peut être remplacé par le système

$$\text{(3)} \quad ax^2 - bx\,\frac{(C + Ax)}{B} + c\,\frac{(C + Ax)^2}{B^2} + dx - e\,\frac{(C + Ax)}{B} + f = 0,$$
$$\text{(4)} \qquad y = -\frac{(C + Ax)}{B}.$$

L'équation (3), qui est du 2ᵉ degré, peut être résolue et donnera deux valeurs pour $x$ à chacune desquelles correspondra une valeur pour $y$ donnée par l'équation (4).

2. Soient deux équations du 2ᵉ degré à deux inconnues

$$\text{(1)} \qquad Ax^2 + Bxy + Cy^2 + Dx + Ey + F = 0,$$
$$\text{(2)} \qquad A'x^2 + B'xy + C'y^2 + D'x + E'y + F' = 0.$$

Multiplions l'équation (1) par C', l'équation (2) par C, et retranchons la deuxième des nouvelles équations obtenues de la première. Nous pourrons remplacer le système des équations (1) et (2) par le système suivant : .

$$(3) \quad (AC' - A'C)x^2 + (BC' - B'C)xy + (DC' - D'C)x + (EC' - E'C)y + (FC' - F'C) = 0,$$

$$(4) \quad Ax^2 + Bxy + Cy^2 + Dx + Ey + F = 0.$$

L'équation (3) est du $1^{er}$ degré en $y$; on en déduira pour $y$ une valeur de la forme

$$(5) \quad y = \frac{mx^2 + nx + p}{rx + s}.$$

Remplaçant dans (4), nous aurons une équation du $4^e$ degré que nous ne saurons résoudre que dans certains cas particuliers, par exemple si elle est bicarrée. A chaque valeur de $x$ correspondra d'ailleurs une valeur de $y$ donnée par l'équation (5).

---

# CHAPITRE XIX.

### DES PROBLÈMES DU $2^e$ DEGRÉ.

**1.** La règle que nous avons donnée chapitre X pour mettre un problème en équation, ne préjuge rien sur le degré des équations du problème; nous n'avons donc rien à ajouter à ce qui a été dit à ce sujet à propos des équations du $1^{er}$ degré.

Le problème une fois mis en équation, et les équations résolues, on discutera les équations du problème, c'est-à-dire on cherchera quelles relations il doit exister entre les données pour que chacune des inconnues du problème, considérée en particulier, soit réelle ou imaginaire, positive ou négative, infinie ou indéterminée. On aura ensuite à examiner les conséquences qui résultent de ces diverses circonstances relativement au problème. Par exemple on devra examiner si l'une des inconnues d'un problème ayant deux valeurs réelles, ces deux valeurs conviennent au problème ou si l'une d'elles doit être rejetée, etc.

**2.** *Remarque générale sur les équations d'un problème* (*). Lorsqu'on met un problème en équation, on est assuré *à priori* que chaque système de valeurs des inconnues satisfaisant à l'énoncé formera une solution du système des équations du problème; mais on n'a pas la certitude que réciproquement chaque solution du système satisfait au problème proposé. On obtient souvent des solutions étrangères à la question proposée. L'algèbre, par sa généralité, nous donne tous les systèmes de

---

(*) Lionnet, *Algèbre*, p. 159.

valeurs positives ou négatives, réelles ou imaginaires, au moyen desquelles on peut vérifier les équations du problème; mais souvent cette généralité a l'inconvénient de rendre plus pénible la recherche des solutions vraiment utiles en les unissant à d'autres qui ne conviennent pas au problème et dont il faut savoir les distinguer.

Citons comme exemple le problème suivant :

*On laisse tomber une pierre dans un puits; on demande la profondeur du puits, connaissant le temps t qui s'écoule entre l'instant où on laisse tomber la pierre et celui où l'on entend le bruit qu'elle fait en frappant l'eau.*

Si nous désignons par $v$ la vitesse du son, par $g$ l'accélération de la pesanteur et par $x$ la profondeur du puits, le problème conduit à l'équation

$$(1) \qquad \sqrt{\frac{2x}{g}} + \frac{x}{v} = t.$$

Élevant au carré pour faire disparaître le radical et résolvant, nous trouvons deux valeurs positives pour $x$; la plus grande doit être rejetée parce qu'elle est supérieure à $vt$, la plus petite seule convient au problème.

Il est vrai que dans le cas actuel, pour résoudre l'équation (1) nous avons été obligé de l'élever au carré après avoir isolé le radical, de sorte que nous avons résolu une équation équivalente à la fois à l'équation (1) et à l'équation (2)

$$(2) \qquad -\sqrt{\frac{2x}{g}} + \frac{x}{v} = t;$$

mais la circonstance énoncée dans la remarque générale se rencontre souvent dans des problèmes qui conduisent à des équations rationnelles.

# CHAPITRE XX.

### DES QUESTIONS DE MAXIMUM ET DE MINIMUM QUI PEUVENT SE RÉSOUDRE À L'AIDE DES ÉQUATIONS DU 2ᵉ DEGRÉ.

### *Définitions.*

1. Si l'on égale une expression algébrique quelconque contenant une variable $x$ à une quantité $y$, on dit que $y$ est une fonction de $x$. Exemple :

$$y = \frac{2x^2 - 3}{3x - 1}.$$

La valeur de la fonction $y$ dépend évidemment de la valeur attribuée à la variable $x$.

2. On dit qu'une fonction passe par une valeur maxima lorsque, pour une valeur $\alpha$ de la variable, elle a une valeur plus grande que pour une valeur voisine de la variable $\alpha - h$ ou $\alpha + h$, $h$ étant suffisamment petit.

Une fonction passe par une valeur minima quand, pour une valeur $\alpha$ de la variable, elle a une valeur plus petite que pour une valeur voisine.

REMARQUE. Une fonction peut avoir plusieurs valeurs maxima ou plusieurs valeurs minima, et une valeur maxima d'une fonction peut être plus petite qu'une valeur minima de la même fonction.

3. *Questions de maxima et de minima qui dépendent des équations du $2^e$ degré.*

La recherche des valeurs de la variable $x$ qui rendent une fonction $y$ maxima ou minima dépend d'une équation du $2^e$ degré, lorsque $y$ étant supposé connu, $x$ peut s'obtenir par une équation du $2^e$ degré.

4. *Méthode à suivre pour résoudre ces questions.*

On suppose pour un instant $y$ connu; on résout l'équation du $2^e$ degré obtenu et l'on cherche la condition de réalité des racines de cette équation. Cette condition fait généralement connaître les limites que la fonction $y$ ne peut pas dépasser, et par conséquent ses valeurs maxima ou minima.

EXEMPLES :

1° *Trouver le maximum du produit de deux nombres dont la somme est donnée.*

Supposons pour un instant que le produit ait une valeur donnée $y$. Soient $x$ et $z$ les deux nombres cherchés, $a$ leur somme, nous aurons les deux équations

$$y = xz,$$
$$a = x + z$$

Éliminant $z$, il vient

$$y = x(a - x)$$

ou

$$x^2 - ax + y = 0,$$
$$x = \frac{a}{2} \pm \sqrt{\frac{a^2}{4} - y}.$$

Pour que les racines de cette équation soient réelles, il faut que l'on ait

$$y \leq \frac{a^2}{4};$$

le maximum de $y$ est donc $\frac{a^2}{4}$, et les valeurs de $x$ et $z$ correspondantes seront

$$x = z = \frac{a}{2}.$$

2° *Valeurs maxima et minima de la fraction*

$$y = \frac{3 - 2x}{x^2 - 2x + 7}.$$

Supposons, conformément à la règle, $y$ connu; nous aurons pour déterminer $x$ l'équation du $2^e$ degré

(1) $$yx^2 - 2(y - 1)x + 7y - 3 = 0.$$

En résolvant l'équation (1) on trouve

$$x = \frac{y - 1 \pm \sqrt{-6y^2 + y + 1}}{y}.$$

Pour que le radical soit réel, il faut que l'on ait la condition

$$-6y^2 + y + 1 > 0,$$

ou

(2) $$-6(y - y')(y - y'') > 0,$$

$y'$ et $y''$ désignant les racines de l'équation

$$6y^2 - y - 1 = 0,$$

c'est-à-dire

$$y' \text{ désignant la quantité } \quad \frac{1 - 5}{12} \quad \text{ou} \quad -\frac{1}{3},$$

$$y'' \text{ désignant la quantité } \quad \frac{1 + 5}{12} \quad \text{ou} \quad \frac{1}{2}.$$

Pour satisfaire à l'inégalité (2), il faut que $y$ soit compris entre $y'$ et $y''$, c'est-à-dire plus grand que $y'$ et plus petit que $y''$. $y'$ est donc un minimum et $y''$ un maximum.

Dans le premier cas, la valeur de $x$ correspondante est

$$1 - \frac{1}{y'} = 4.$$

Dans le deuxième cas, la valeur de $x$ est

$$1 - \frac{1}{y''} = 1 - 2 = -1.$$

# CHAPITRE XXI.

### THÉORÈMES GÉNÉRAUX SUR LES MAXIMA ET LES MÍNIMA.

THÉORÈME 1er. *Le maximum du produit de deux facteurs* x *et* y *dont la somme est constante a lieu quand les facteurs sont égaux.*

Soit $a$ la somme donnée, les deux facteurs seront

$$\frac{a}{2}+z \quad \text{et} \quad \frac{a}{2}-z,$$

et le produit

$$\frac{a^2}{4}-z^2$$

sera maximum quand $z$ sera nul, c'est-à-dire quand les deux facteurs seront égaux.

THÉORÈME 2. *Le maximum du produit de* n *facteurs* x, y, z... *dont la somme est constante a lieu quand tous les facteurs sont égaux.*

En effet, soit

$$xyzt...$$

ce maximum. Si deux facteurs quelconques $x$ et $y$ étaient inégaux, en les remplaçant par leur moyenne arithmétique on obtiendrait un nouveau produit

$$\frac{x+y}{2}.\frac{x+y}{2}zt...$$

dans lequel la somme des facteurs serait la même et qui serait plus grand que le précédent puisque

$$\frac{x+y}{2}\times\frac{x+y}{2} \text{ est plus grand que } xy.$$

THÉORÈME 3. *L'expression*

$$(1) \qquad x^m y^n z^p,$$

*dans laquelle* x, y, z *sont des nombres positifs dont la somme est constante, est maximum lorsqu'on a*

$$\frac{x}{m}=\frac{y}{n}=\frac{z}{p}.$$

Remarquons en effet que l'expression (1) sera maximum en même temps que l'expression

$$(2) \qquad \frac{x^m y^n z^p}{m^m n^n p^p},$$

la quantité $m^m n^n p^p$ étant une constante. Or le produit (2) peut s'écrire :

$$\underbrace{\frac{x}{m}\cdot\frac{x}{m}\cdots}_{m \text{ fois}} \quad \underbrace{\frac{y}{n}\cdot\frac{y}{n}\cdots}_{n \text{ fois}} \quad \underbrace{\frac{z}{p}\cdot\frac{z}{p}\cdots}_{p \text{ fois}}$$

Nous avons maintenant un produit de $m + n + p$ facteurs dont la somme est constante; d'après le théorème 2, ce produit sera maximum lorsque tous les facteurs seront égaux, c'est-à-dire quand on aura

$$\frac{x}{m} = \frac{y}{n} = \frac{z}{p}.$$

REMARQUES. 1° Les raisonnements qui précèdent supposent que les facteurs sont seulement assujettis à avoir une somme constante. Ils ne s'appliquent pas à un produit de facteurs assujettis à d'autres conditions, car en les prenant tous égaux entre eux, il n'est pas dit qu'ils pourront satisfaire aux autres conditions.

Soit par exemple le produit

$$xyz$$

dont la somme est constante et égale à 6 et dont les facteurs doivent en outre satisfaire à la condition

$$(1) \qquad 2x + 1 = y + z.$$

On ne peut plus dire que le produit est maximum quand on a

$$x = y = z = \frac{6}{3} = 2,$$

puisque ces valeurs de $x$, $y$, $z$ ne satisfont pas à l'équation (1).

Il faut seulement remarquer que si $n$ facteurs positifs $x$, $y$, $z$... dont la somme est constante, sont assujettis en outre à d'autres conditions, le maximum de leur produit ne peut être que plus petit que si ces conditions étaient omises. Si donc, en supposant les facteurs égaux, les autres conditions se trouvent vérifiées d'elles-mêmes, on aura le maximum du produit en supposant les facteurs égaux.

Considérons par exemple le produit $xyz$ de trois facteurs, dont la somme est constante et égale à 3, qui sont en outre assujettis à satisfaire aux conditions suivantes :

$$(1) \qquad y = 2x - 1,$$
$$(2) \qquad z = 4 - 3x.$$

Si nous supposons $x = y = z = 1$, les conditions (1) et (2) se trouvent vérifiées; donc le produit sera maximum quand on aura

$$x = y = z = 1.$$

2° Lorsqu'on a un produit

$$P = (ax + a')^p (bx + b')^q (cx + c')^r \ldots,$$

on peut quelquefois trouver le maximum de ce produit à l'aide de l'artifice suivant.

Je multiplie P par un facteur constant indéterminé $\alpha^p \beta^q \gamma^r \ldots$; mais en même temps je divise le premier facteur par $\alpha^p$, le deuxième par $\beta^q$, le troisième par $\gamma^r$, etc. P sera maximum en même temps que

$$\Pi = \frac{(ax+a')^p}{\alpha^p} \frac{(bx+b')^q}{\beta^q} \frac{(cx+c')^r}{\gamma^r} \ldots = \overbrace{\frac{(ax+a')}{\alpha} \frac{(ax+a')}{\alpha} \ldots \frac{(ax+a')}{\alpha}}^{p \text{ fois}} \times \overbrace{\frac{(bx+b')}{\beta}}^{q \text{ fois}} \ldots$$

Si l'on a choisi $\alpha, \beta, \gamma$ de telle sorte que la somme des facteurs soit constante et qu'il y ait une valeur de $x$ qui puisse les rendre égaux, cette valeur rendra maximum le produit proposé, pourvu qu'elle rende positifs les facteurs de ce produit $ax + a'$, $bx + b'$, ...

Écrivons que dans la somme des facteurs du produit $\Pi$ le coefficient de $x$ est nul, nous aurons la relation

$$(1) \qquad \frac{pa}{\alpha} + \frac{qb}{\beta} + \frac{rc}{\gamma} \ldots = 0.$$

Exprimons que les facteurs sont égaux, nous aurons les équations

$$(2) \qquad \frac{ax + a'}{\alpha} = \frac{bx + b'}{\beta} = \frac{cx + c'}{\gamma} \ldots$$

Les équations (1) et (2) devant être compatibles, j'élimine $\alpha, \beta, \gamma \ldots$ en les remplaçant dans la première par les quantités proportionnelles $ax + a'$, $bx + b'$, etc. Nous obtenons ainsi pour déterminer $x$ l'équation (3).

$$(3) \qquad \frac{pa}{ax + a'} + \frac{qb}{bx + b'} + \frac{rc}{cx + c'} \ldots = 0.$$

$x$ se trouve déterminé par une équation du degré $n - 1$, $n$ étant le nombre des facteurs distincts. Soit par exemple

$$P = x^2 (2x - 1)^3 (7 - 3x),$$

l'équation (1) devient

$$\frac{2}{x} + \frac{3 \times 2}{2x - 1} - \frac{3}{7 - 3x} = 0.$$

Elle admet pour racines 2 et $\frac{7}{18}$; la seconde est à rejeter, car elle rend $2x - 1$ négatif. La première seule convient au problème, en sorte que le produit P est maximum pour $x = 2$.

*3° Réciprocité entre certaines questions de maximum et de minimum.*

Il existe entre certaines questions de maximum et de minimum une réciprocité qu'il est bon de connaître; par exemple, le cercle est, de tous les polygones convexes de même périmètre, celui qui a la plus grande surface. Réciproquement :

*De tous les polygones de même surface, le cercle est celui qui a le plus petit périmètre.*

Cette propriété peut être démontrée de la manière suivante :

Soient $p$ le périmètre donné, S la surface du cercle qui a $p$ pour périmètre. Tous les polygones qui ont $p$ pour périmètre ont une surface moindre que S; donc, si l'on prend un polygone quelconque ayant pour surface S, il aura un périmètre plus grand que $p$. Par conséquent, on voit que le cercle est de tous les polygones de même surface celui qui a le plus petit périmètre.

Cette réciprocité peut être exprimée par le théorème suivant.

**Théorème.** *Si une quantité* Y *dépend d'une autre* X *(comme dans le cas précédent la surface d'un polygone de son périmètre), et si* X *étant donné,* Y *est maximum dans certaines circonstances, réciproquement* Y *étant donné,* X *sera minimum dans les mêmes circonstances, pourvu que la valeur maxima de* Y *diminue ou augmente quand la valeur donnée de* X *diminue ou augmente elle-même. (Comme dans le cas précédent la surface du cercle diminue ou augmente en même temps que son périmètre.)*

# CHAPITRE XXII.

### PROGRESSIONS.

#### Progressions par différence.

*Définition.* On appelle progression par différence une suite de nombres tels que chacun d'eux surpasse le précédent ou en est surpassé d'une quantité constante appelée raison.

#### Propriétés des progressions par différence.

1. *Dans toute progression par différence, un terme de rang quelconque* L *est égal au premier a augmenté d'autant de fois la raison qu'il y a de termes avant lui :*

$$L = a + (n - 1)r.$$

**2.** *Insérer* p *moyens arithmétiques entre deux nombres* a *et* b.

C'est former une progression arithmétique qui commence par $a$, finisse par $b$ et contienne $p$ termes entre $a$ et $b$. On a

$$b = a + (p + 1)r.$$
$$r = \frac{b - a}{p + 1}.$$

**3.** *Si entre les termes consécutifs* a, b, c, d *d'une progression arithmétique on insère* p *moyens, on forme une nouvelle progression arithmétique.*

Soit $r$ la raison de la première, la raison de la deuxième sera évidemment

$$\frac{b - a}{p + 1} = \frac{c - b}{p + 1} \cdots = \frac{r}{p + 1}.$$

**4.** *Dans toute progression arithmétique, la somme de deux termes également distants des extrêmes est égale à la somme des extrêmes.*

Soient $a$ et $l$ les termes extrêmes, $h$ un terme qui en a $n$ avant lui, $k$ un terme qui en a $n$ après lui. On a :

$$h = a + nr,$$
$$k = l - nr,$$
$$h + k = a + l.$$

**5.** *La somme des termes d'une progression arithmétique est égale à la demi-somme des extrêmes multipliée par le nombre des termes de la progression.*

Soit une progression arithmétique

$$S = a + b + c \ldots k + l$$

on a aussi

$$S = l + k \ldots \quad + b + a,$$
$$2S = (a + l) + (b + k) \ldots = n(a + l)$$
$$S = \frac{n(a + l)}{2}.$$

### Progressions par quotient.

*Définition.* On appelle progression par quotient une suite de nombres tels que chacun d'eux est égal au précédent multiplié par un nombre constant appelé raison.

### Principales propriétés des progressions par quotient.

**1.** *Dans une progression par quotient, un terme de rang quelconque est égal au premier multiplié par la raison élevée à une puissance dont le degré est marqué par le nombre des termes qui précèdent.*

Le deuxième terme, $b = aq$; le troisième, $c = bq = aq^2$; le $n^e$, $l = aq^{n-1}$.

**2.** *Insérer p moyens géométriques entre deux nombres a et b.*

C'est former une progression géométrique ayant $a$ et $b$ pour premier et dernier terme, contenant $p$ termes entre $a$ et $b$. Si nous appelons $q$ la raison de cette progression, nous aurons

$$b = aq^{p+1},$$

$$q = \sqrt[p+1]{\frac{b}{a}}.$$

**3.** *Si entre les termes consécutifs d'une progression par quotient on insère un même nombre de moyens, on formera une nouvelle progression.*

Les raisons des progressions partielles obtenues en insérant $p$ moyens entre deux termes consécutifs de la progression

$$a, \; b, \; c, \; d\dots$$

sont respectivement

$$\sqrt[p+1]{\frac{b}{a}}, \quad \sqrt[p+1]{\frac{c}{b}}, \; \text{etc.,}$$

quantités égales puisque l'on a

$$\frac{b}{a} = \frac{c}{b} = \frac{d}{c} = \dots = q.$$

**4.** *Somme des termes d'une progression par quotient.*

On a :

$$S = a + b + c\dots + l,$$
$$Sq = b + c\dots \quad + lq,$$
$$Sq - S = lq - a,$$
$$S = \frac{lq - a}{q - 1},$$

ou, en remplaçant $l$ par $aq^{n-1}$,

$$S = \frac{a(q^n - 1)}{q - 1}.$$

**5.** *Limite de la somme des termes d'une progression par quotient dont la raison q est moindre que l'unité.*

La formule qui donne la somme des $n$ premiers termes d'une progression par quotient peut s'écrire

$$(1) \qquad S = \frac{a}{1 - q} - \frac{aq^n}{1 - q};$$

la quantité $\dfrac{a}{1 - q}$ est finie tandis que le facteur $q^n$ décroît à mesure que $n$ augmente et a pour limite 0. Le deuxième terme de la formule (1) ayant pour limite 0, S a pour limite

$$S = \frac{a}{1 - q}.$$

Exemple. Soit la progression

$$1, \frac{1}{2}, \frac{1}{4}, \frac{1}{8}, \frac{1}{16}, \frac{1}{32}, \dots \quad S = \frac{1}{1 - \frac{1}{2}} = 2.$$

6. Remarque. Dans le paragraphe précédent nous avons admis que les puissances successives d'un nombre plus petit que 1 décroissaient et avaient pour limite 0; cette propriété peut être démontrée de la manière suivante :

Théorème. 1° *Les puissances successives d'un nombre plus grand que 1 peuvent devenir aussi grandes que l'on veut.*

2° *Les puissances successives d'un nombre plus petit que 1 peuvent devenir aussi petites que l'on veut.*

1° Un nombre plus grand que 1 peut être représenté par $1 + \alpha$. Or, on a :

$$(1 + \alpha)^2 = 1 + 2\alpha + \alpha^2 > 1 + 2\alpha,$$
$$(1 + \alpha)^3 > (1 + 2\alpha)(1 + \alpha) > 1 + 3\alpha,$$
$$(1 + \alpha)^n > 1 + n\alpha,$$

il suffit donc de démontrer qu'on peut rendre

$$1 + n\alpha > \delta.$$

Pour cela, il suffit de prendre $n$ plus grand que

$$\frac{\delta - 1}{\alpha},$$

ce qui est toujours possible.

2° Un nombre plus petit que 1, $b$, peut être représenté par

$$\frac{1}{1 + \alpha}.$$

On a donc

$$b^n = \frac{1}{(1 + \alpha)^n}.$$

Le dénominateur a pour limite l'infini, donc la fraction a pour limite 0.

# CHAPITRE XXIII.

LOGARITHMES.

*Définitions.*

1. Si l'on considère deux progressions, l'une arithmétique commençant par 0, l'autre géométrique commençant par l'unité, les termes de la progression arithmétique sont dits les logarithmes des termes de même rang dans la progression géométrique.

EXEMPLE. Soient les progressions :

$$1 \quad 3 \quad 9 \quad 27 \quad 81\ldots$$
$$0 \quad 2 \quad 4 \quad 6 \quad 8\ldots$$

Les nombres 0, 2, 4, 6, 8... sont dits les logarithmes des nombres

$$1, \quad 3, \quad 9, \quad 27, \quad 81\ldots$$

2. On appelle base d'un système de logarithmes le nombre qui, dans ce système, a pour logarithme l'unité.

Dans les progressions :

$$1, \quad 3, \quad 9, \quad 27, \quad 81\ldots,$$
$$0, \quad 1, \quad 2, \quad 3, \quad 4\ldots,$$

3 est la base.

3. On appelle logarithmes vulgaires le système de logarithmes dont la base est 10 ; il est défini par les deux progressions :

$$\ldots \quad 0{,}001 \quad 0{,}01 \quad 0{,}1 \quad 1 \quad 10 \quad 100 \quad 1000\ldots$$
$$\ldots \quad -3 \quad -2 \quad -1 \quad 0 \quad 1 \quad 2 \quad 3\ldots$$

*Moyen de donner un logarithme à tous les nombres.* Pour cela on insère entre deux termes consécutifs de chacune des progressions arithmétique et géométrique un même nombre $p$ de moyens assez grand pour que, dans chacune des deux progressions, la différence entre deux termes consécutifs soit suffisamment petite. Un nombre étant donné, s'il ne se trouve pas dans la progression géométrique, il sera compris entre deux nombres qui s'y trouvent, et son logarithme entre les logarithmes de ces deux nombres.

### PRINCIPALES PROPRIÉTÉS DES LOGARITHMES.

**1.** *Le logarithme d'un produit est égal à la somme des logarithmes de ses facteurs.*

Soit un système de logarithmes défini par les deux progressions :

$$1 \quad q \quad q^2 \ldots \quad q^n \quad q^p,$$
$$0 \quad r \quad 2r \ldots \quad nr \quad pr.$$

Soient deux nombres :

$$A = q^n,$$
$$B = q^p,$$
$$\log A = nr, \quad \log B = pr,$$
$$\log AB = \log q^{n+p} = (n+p)r = \log A + \log B.$$

Le principe subsiste quand il y a plus de deux facteurs. On a, par exemple,

$$\log ABC = \log A + \log BC = \log A + \log B + \log C.$$

COROLLAIRE. *Le logarithme d'une puissance est égal au logarithme du nombre multiplié par l'indice de la puissance.*

**2.** *Le logarithme d'un quotient est égal au logarithme du dividende moins le logarithme du diviseur.*

Soit :

$$q = \frac{a}{b},$$
$$a = bq,$$
$$\log a = \log q + \log b,$$
$$\log q = \log a - \log b.$$

**3.** Le logarithme d'une racine est égal au logarithme du nombre divisé par l'indice de la racine.

On a en effet :

$$a = \underbrace{\sqrt[m]{a} \times \sqrt[m]{a} \ldots}_{m \text{ facteurs}}$$

$$\log a = m \log \sqrt[m]{a},$$
$$\log \sqrt[m]{a} = \frac{\log a}{m}.$$

*Nota.* Pour l'explication et l'usage des tables, se reporter aux traités d'arithmétique ou d'algèbre.

# CHAPITRE XXIV.

### INTÉRÊTS COMPOSÉS ET ANNUITÉS.

*Définition.* On dit qu'une somme est placée à intérêts composés lorsqu'à la fin de chaque année les intérêts s'ajoutent au capital pour produire des intérêts l'année suivante.

**PROBLÈME.** *Trouver ce que devient après* n *années un capital* a *placé à intérêts composés au taux de* r *pour franc.*

Dans une année a fr. rapportent ar et deviennent donc

$$a + ar = a(1 + r).$$

On voit donc que, pour savoir ce qu'un capital est devenu à la fin d'une année, il faut multiplier sa valeur au commencement de l'année par $1 + r$. D'après cela, la valeur du capital au bout de deux ans sera

$$a(1 + r)(1 + r) = a(1 + r)^2,$$

au bout de $n$ années

$$A = a(1 + r)^n.$$

**REMARQUE.** Lorsqu'un capital $a$ est placé pendant $n$ années et $p$ mois, pour trouver ce qu'il est devenu on cherche d'abord sa valeur A au bout des $n$ années, valeur que l'on sait égale à

$$A = a(1 + r)^n,$$

et l'on considère ensuite A comme placé à intérêts simples pendant $p$ mois. A rapportent en $p$ mois $\frac{pAr}{12}$; par suite, la valeur $x$ du capital cherché

$$x = A + \frac{pAr}{12} = A\left(1 + \frac{pr}{12}\right) = a(1 + r)^n\left(1 + \frac{pr}{12}\right).$$

Le calcul de A et de $x$ se fera par logarithmes.

### ANNUITÉS.

*Définition.* On appelle annuité une somme que l'on paye pendant $n$ années à la fin de chaque année pour rembourser un capital emprunté à intérêts composés.

Problème. *Quelle somme* a *doit-on payer pendant* n *années à la fin de chaque année pour rembourser un capital* A *emprunté à intérêts composés?*

Pour mettre le problème en équation, nous remarquerons que si la personne qui a prêté la somme A l'avait placée à intérêts composés, elle devrait avoir autant à la fin de la $n^{ième}$ année que si elle avait placé successivement chacune des annuités $a$ à mesure qu'elle lui était payée en laissant capitaliser les intérêts. Or, A deviendrait

$$A(1 + r)^n,$$

et les annuités étant placées respectivement pendant $n — 1$, $n — 2$, ..... 0 années, deviendraient

$$a(1 + r)^{n-1}, \quad a(1 + r)^{n-2}..., \quad a.$$

On a donc l'égalité

$$A(1+r)^n = a[(1+r)^{n-1} + (1+r)^{n-2}... + (1+r) + 1] = \frac{a[(1+r)^n - 1]}{r},$$

d'où

$$(1) \qquad a = \frac{rA(1+r)^n}{[(1+r)^n - 1]}.$$

L'équation (1) contient quatre quantités $a$, A, $r$, $n$; elle permettra de calculer une quelconque de ces quatre quantités, les trois autres étant connues. Toutefois la recherche de $r$ est supérieure à de simples éléments. Pour trouver $n$ je remarque que l'équation (1) peut s'écrire

$$a(1 + r)^n — a = rA(1 + r)^n,$$

$$(1 + r)^n = \frac{a}{a — Ar},$$

$$n = \frac{\log a — \log (a — Ar)}{\log (1 + r)}.$$

# EXERCICES



## ÉGALITÉS À VÉRIFIER.

**1.** Si l'on a
$$x^2 = \frac{(c^2 + d^2)ab - (a^2 + b^2)cd}{ab - cd},$$

prouver que l'on a
$$1 - \left(\frac{a^2 + b^2 - x^2}{2ab}\right)^2 =$$
$$\frac{(a + b + c + d)(a + b - c - d)(a + c - b - d)(b + c - a - d)}{4(ab - cd)^2}.$$

**2.**
$$\frac{1}{(a-b)(a-c)(x+a)} - \frac{1}{(a-b)(b-c)(x+b)} +$$
$$\frac{1}{(a-c)(b-c)(x+c)} = \frac{1}{(x+a)(x+b)(x+c)}.$$

**3.**
$$(a^2 + b^2 + c^2 + d^2)(x^2 + y^2) = (ax + by)^2 + (cx + dy)^2 +$$
$$(ay - bx)^2 + (cy - dx)^2.$$

**4.**
$$(a^2 + b^2)(c^2 + d^2)(x^2 + y^2) = [(ac + bd)x + (ad - bc)y]^2 +$$
$$[(ac + bd)y - (ad - bc)x]^2.$$

**5.**
$$1 + \frac{a^2 + b^2 - c^2 - d^2}{2(ab + cd)} = \frac{(a + b)^2 - (c - d)^2}{2(ab + cd)}.$$

**6.**
$$1 - \frac{a^2 + b^2 - c^2 - d^2}{2(ab + cd)} = \frac{(c + d)^2 - (a - b)^2}{2(ab + cd)}.$$

**7.**
$$1 - \left[\frac{a^2 + b^2 - c^2 - d^2}{2(ab + cd)}\right]^2 =$$
$$\frac{[(a + b)^2 - (c - d)^2][(c + d)^2 - (a - b)^2]}{4(ab + cd)^2} =$$
$$\frac{(a + b + c - d)(a + b + d - c)(a + c + d - b)(b + c + d - a)}{4(ab + cd)^2}$$

**8.**
$$\frac{1}{\sqrt{a}+\sqrt{b}+\sqrt{c}} + \frac{1}{\sqrt{a}+\sqrt{b}-\sqrt{c}} + \frac{1}{\sqrt{a}+\sqrt{c}-\sqrt{b}} + \frac{1}{\sqrt{b}+\sqrt{c}-\sqrt{a}} =$$
$$2\left[\frac{(a-b-c)\sqrt{a}+(b-a-c)\sqrt{b}+(c-a-b)\sqrt{c}-2\sqrt{abc}}{a^2+b^2+c^2-2(ab+ac+bc)}\right].$$

## ÉQUATIONS DU 1ᵉʳ DEGRÉ, OU QUI S'Y RAMÈNENT.

**1.** $\qquad \sqrt{x+9} = 1 + \sqrt{x}, \quad x = 16.$

**2.** $\qquad (\sqrt{x}+28)(\sqrt{x}+6) = (\sqrt{x}+38)(\sqrt{x}+4), \quad x = 4.$

**3.** $\qquad \dfrac{3-2x}{1-2x} - \dfrac{5-2x}{7-2x} = 1 - \dfrac{4x^2-2}{7-16x+4x^2}, \quad x = -\dfrac{7}{8}.$

**4.** $\qquad \sqrt{a+x} - \sqrt{\dfrac{a}{a+x}} = \sqrt{2a+x},$
$$x = \left(\frac{1-2\sqrt{a}-a}{2+\sqrt{a}}\right)\sqrt{a}.$$

**5.** $\qquad \sqrt[3]{ax+b} = \sqrt[3]{cx+d}, \quad x = \dfrac{d-b}{a-c}.$

**6.** $\qquad \dfrac{ax^2+a^3}{a+x} = ax+b^2, \quad x = a\left(\dfrac{a^2-b^2}{a^2+b^2}\right).$

**7.** $\qquad \dfrac{\sqrt{a+x}+\sqrt{a-x}}{\sqrt{a+x}-\sqrt{a-x}} = \sqrt{b}, \quad x = \dfrac{2a\sqrt{b}}{1+b}.$

**8.** $\quad x+y=9 \quad$ et $\quad 3x+5y=35, \qquad x=5, \quad y=4.$

**9.** $\quad 2x+3y=18 \quad$ et $\quad 3x-2y=1, \qquad x=3, \quad y=4.$

**10.** $\quad 2x-9y=11 \quad$ et $\quad 3x-12y=15, \qquad x=1, \quad y=-1.$

**11.** $\quad 3x-7y=7 \quad$ et $\quad 11x+5y=87, \qquad x=7, \quad y=2.$

**12.** $\quad 9x-4y=8 \quad$ et $\quad 13x+7y=101, \qquad x=4, \quad y=7.$

**13.** $\qquad ax+by+cz=d,$
$$\frac{x}{m} = \frac{y}{n} = \frac{z}{p}.$$
$$x = \frac{md}{am+bn+cp}, \quad y = \frac{nd}{am+bn+cp},$$
$$z = \frac{pd}{am+bn+cp}.$$

**14.** On a :

$$x \ + y \ + z \ = 1,$$
$$ax \ + by \ + cz \ = d,$$
$$a^2x \ + b^2y \ + c^2z = d^2.$$

$$x = \frac{(b-d)\,(c-d)}{(b-a)\,(c-a)},$$
$$y = \frac{(a-d)\,(c-d)}{(a-b)\,(c-b)},$$
$$z = \frac{(a-d)\,(b-d)}{(a-c)\,(b-c)}.$$

**15.** On a :

$$a^3 \ + a^2x + ay + z = 0,$$
$$b^3 \ + b^2x + by + z = 0,$$
$$c^3 \ + c^2x + cy + z = 0.$$

$$x = -(a+b+c),$$
$$y = ab + ac + bc,$$
$$z = -abc.$$

**16.** On a :

$$xy = a(x+y), \quad xz = b(x+z) \quad \text{et} \quad yz = c(y+z).$$

$$x = \frac{2abc}{ac+bc-ab}, \quad y = \frac{2abc}{ab+bc-ac}, \quad z = \frac{2abc}{ab+ac-bc}$$

**17.** On a :

$$x(y+z) = a^2, \quad y(x+z) = b^2 \quad \text{et} \quad z(x+y) = c^2.$$

$$x = \pm \sqrt{\frac{(a^2-c^2+b^2)\,(a^2-b^2+c^2)}{2(c^2-a^2+b^2)}},$$
$$y = \pm \sqrt{\frac{(b^2-c^2+a^2)\,(b^2-a^2+c^2)}{2(a^2-b^2+c^2)}},$$
$$z = \pm \sqrt{\frac{(c^2-a^2+b^2)\,(c^2-b^2+a^2)}{2(b^2-c^2+a^2)}}.$$

**18.** On a :

$$xyz = a^2(x+y), \quad xyz = b^2(y+z) \quad \text{et} \quad xyz = c^2(x+z).$$

$$x = \pm\, abc \sqrt{\frac{2(a^2b^2+b^2c^2-a^2c^2)}{(a^2b^2+a^2c^2-b^2c^2)\,(b^2c^2+a^2c^2-a^2b^2)}},$$
$$y = \pm\, abc \sqrt{\frac{2(b^2c^2+a^2c^2-a^2b^2)}{(a^2b^2+a^2c^2-b^2c^2)\,(a^2b^2+b^2c^2-a^2c^2)}},$$
$$z = \pm\, abc \sqrt{\frac{2(a^2b^2+a^2c^2-b^2c^2)}{(a^2b^2+b^2c^2-a^2c^2)\,(b^2c^2+a^2c^2-a^2b^2)}}.$$

**19.** On a :

$$x(x+y+z)=a^2, \quad y(x+y+z)=b^2 \quad \text{et} \quad z(x+y+z)=c^2.$$

$$x=\pm\frac{a^2}{\sqrt{a^2+b^2+c^2}}, \quad y=\pm\frac{b^2}{\sqrt{a^2+b^2+c^2}},$$

$$z=\pm\frac{c^2}{\sqrt{a^2+b^2+c^2}}.$$

**20.** On a :

$$xy=a, \quad xz=b, \quad xu=c \quad \text{et} \quad xyzu=d.$$

$$x=\pm\sqrt{\frac{abc}{d}}, \quad y=\pm\sqrt{\frac{ad}{bc}}, \quad z=\pm\sqrt{\frac{bd}{ac}}, \quad u=\pm\sqrt{\frac{cd}{ab}}.$$

---

PROBLÈMES CONDUISANT A DES ÉQUATIONS DU 1ᵉʳ DEGRÉ.

**1.** Je pense un certain nombre, je le multiplie par $3\frac{3}{7}$, je retranche 60 du résultat. Je multiplie ensuite le reste par $2\frac{1}{2}$, et je retranche 30 du résultat; après quoi il ne me reste rien. Quel est le nombre que j'ai pensé?

*Réponse.* 21.

**2.** Un commerçant augmente tous les ans sa fortune du $\frac{1}{3}$ et prélève à la fin de chaque année 1000 fr. pour ses dépenses particulières. A la fin de la troisième année, après avoir prélevé les 1000 fr., il s'aperçoit que sa fortune a doublé. Combien possédait-il primitivement?

*Réponse.* 11,100 fr.

**3.** Un marchand vend en deux jours 600 oranges et reçoit 20 fr. chaque jour ; mais, le second jour il a vendu ses oranges deux fois meilleur marché que le premier. On demande à quel prix il a vendu ses oranges le premier jour?

*Réponse.* 10 cent. le premier jour.

**4.** Une femme porte des œufs au marché; elle en vend à une première personne la moitié, plus la moitié d'un œuf; elle vend à une deuxième personne la moitié de ce qui lui reste, plus la moitié d'un œuf. En vendant à une troisième personne la moitié de ce qui lui reste, plus la moitié d'un œuf, il ne lui reste plus rien. Combien avait-elle d'œufs en tout?

*Réponse.* 7 œufs.

5. Un maître promet à son domestique 400 francs et un habit par an. Il le renvoie au bout de dix mois, et lui donne, pour le payer, 325 francs et l'habit. On demande la valeur de l'habit.

*Réponse.* 50 fr.

6. On a un mélange de salpêtre et de soufre pesant 80 kilog. Sur 7 parties de salpêtre il y en a 3 de soufre. Combien faut-il ajouter de salpêtre au mélange pour que sur 11 parties de salpêtre il y en ait 4 de soufre?

*Réponse.* 10 kilog.

7. Un vaisseau a une vitesse de 30 kilomètres à l'heure et une longueur de 250 mètres. Avec quelle vitesse doit-on lancer un corps verticalement à une des extrémités du navire à l'instant où le vaisseau est sur le point de se mettre en marche pour qu'il retombe à l'autre extrémité? (Probl. de mécanique.)

*Réponse.* La vitesse cherchée est égale à

$$15^m \times 9,808.$$

8. On donne un cône renversé dont l'angle au sommet est $2\alpha$; il tombe dans ce cône $k$ centimètres cubes d'eau par seconde, et il s'évapore chaque seconde une couche d'eau d'épaisseur $e$. On demande à quelle hauteur l'eau s'élèvera dans le cône?

Appliquer au cas suivant :

$$k = 1^{cq}, \quad e = \frac{1}{100} \text{ mill.}$$

*Réponse.* On trouve, en désignant la hauteur cherchée par $x$,

$$x = \sqrt{\frac{k}{\pi e}} \times \cot g \alpha.$$

9. Même problème en remplaçant le cône par une demi-sphère.

10. On a un mélange de sulfate de potasse et de sulfate de soude dont le poids est $a$. Trouver les proportions des deux sulfates qui entrent dans le mélange, sachant que si l'on précipitait l'acide sulfurique des deux sulfates à l'aide du chlorure de baryum, le poids du précipité serait égal à $b$. (Probl. de chimie.)

11. On a 32 kilogrammes d'eau de mer, qui contiennent 16 hectogrammes de sel. Combien faut il y ajouter d'eau douce pour que 32 kilogrammes du nouveau mélange ne contiennent plus que 2 hectogrammes de sel?

*Réponse.* 224 kilogrammes.

12. Si Louis XI eût vécu quatre ans de moins, la durée de son règne aurait été les $\frac{6}{13}$ de celle de son père Charles VII; mais s'il était mort quatre ans plus tard, la durée de son règne aurait été les $\frac{2}{3}$ de celle du règne de Charles VII. Combien chacun d'eux a-t-il régné?

*Réponse.* 22 ans et 39 ans.

**13.** On a acheté séparément les charges de trois voitures. La première, qui contenait 30 mesures de seigle, 20 d'orge et 10 de froment, a coûté 230 fr. La seconde, qui contenait 15 mesures de seigle, 6 d'orge et 12 de froment, a coûté 138 fr. La troisième, qui contenait 10 mesures de seigle, 5 d'orge et 4 de froment, a coûté 75 fr. On demande combien coûte la mesure de seigle, celle d'orge et celle de froment?

*Réponse.* La mesure de seigle vaut 4 fr., celle d'orge 3 fr., et celle de froment 5 fr.

**14.** Un nombre est composé de trois chiffres; la somme des chiffres est 13; le chiffre des unités est triple de celui des centaines; et quand on ajoute 396 à ce nombre, on obtient une somme qui est ce nombre renversé. On demande quelle est ce nombre?

*Réponse.* 256.

**15.** Un tonneau contient 100 litres de vin à $1^f,50$ le litre; on tire 1 litre de vin, que l'on remplace par 1 litre d'eau; ensuite on retire encore 1 litre, que l'on remplace avec de l'eau, et ainsi de suite. On demande quel sera le prix du vin contenu dans le tonneau après 40 opérations.

**16.** Un tonneau contient $a$ litres de vin. On tire un litre que l'on remplace par un litre d'eau; on tire un second litre que l'on remplace encore par un litre d'eau, et ainsi de suite. On demande le nombre de litres de vin contenus dans le tonneau après $n$ opérations semblables.

*Réponse.* $\dfrac{(a-1)^n}{a^{n-1}}$.

**17.** Trois joueurs conviennent, en se mettant au jeu, que le perdant doublera l'avoir des deux autres; le premier joueur perd la première partie, le deuxième joueur perd la seconde, et le troisième joueur perd la troisième; après quoi, chaque joueur possède la même somme $a$. Quelle était la mise de chaque joueur en commençant le jeu?

*Réponse.* Le premier joueur avait $\dfrac{13a}{8}$; le deuxième joueur avait $\dfrac{7a}{8}$; et le troisième joueur avait $\dfrac{a}{2}$.

**18.** Un père veut, par son testament, que ses trois fils partagent son bien de la manière suivante : L'aîné, 3000 fr. de moins que la moitié de tout l'héritage; le second, 2400 fr. de moins que le tiers de tout le bien; le troisième, 1800 fr. de moins que le quart du bien. Quel était le bien du père et quelle est la part de chaque héritier?

*Réponse.* Le père laisse 86 400 fr.; le premier fils reçoit 40 200 fr.; le deuxième 26 400 fr.; le 3e, 19 800 fr.

**19.** Deux horloges A et B sonnent l'heure en même temps et l'on en tend en tout 19 coups. Déduire de là l'heure qu'elles marquaient, sachant que l'horloge A retarde sur l'horloge B de deux secondes, et que les coups de A se succèdent à trois secondes d'intervalle, tandis que ceux de B se suivent à quatre secondes d'intervalle. On admet en outre que l'oreille ne perçoit qu'un seul son lorsque les horloges sonnent dans la même seconde.

*Réponse.* En désignant par $x$ l'heure ou le nombre de coups sonnés par chaque horloge, on remarque que le nombre des coups perdus par l'oreille est égal à 1, augmenté du plus grand nombre entier contenu dans $\dfrac{2x-6}{7}$, et l'on conclut que $x = 11$.

**20.** Un père laisse quatre fils et 8600 fr. Dans son testament il ordonne que la part de l'aîné soit double de celle du second moins 100 fr., que le second ait trois fois autant que le troisième moins 200 fr., et que le troisième ait quatre fois autant que le quatrième moins 300 fr. Quelles sont les parts des quatre fils?

*Réponse.* Le 1ᵉʳ fils, 4900 fr.; le 2ᵉ, 2500 fr.; le 3ᵉ, 900 fr.; le 4ᵉ, 300 fr.

**21.** Il y a de l'eau dans trois vases; on verse la $\dfrac{1}{p^e}$ partie du premier dans le deuxième, puis la $\dfrac{1}{p^e}$ du deuxième dans le troisième, et enfin la $\dfrac{1}{p^e}$ partie du troisième dans le premier. Il y a alors autant d'eau dans les trois vases. Combien y en avait-il primitivement?

**22.** Une personne charitable rencontre des pauvres et veut donner 25 centimes à chacun; mais il lui manque pour cela 10 centimes. Alors elle ne donne que 20 centimes à chaque pauvre, et il lui reste 25 centimes. Combien avait-elle de monnaie, et quel était le nombre des pauvres?

*Réponse.* Elle avait 1 fr. 65 c., et il y avait sept pauvres.

**23.** Un père ordonne par son testament que l'aîné de ses enfants prenne, sur le bien qu'il laisse, une somme $a$, plus la $n^{ième}$ partie du reste; que le deuxième prenne, après que l'aîné aura prélevé sa part, une somme $2a$ plus la $n^{ième}$ partie du reste; que le troisième prenne, après le prélèvement de ces deux parts, la somme $3a$ plus la $n^{ième}$ partie du reste, et ainsi de suite. Or, il arrive que tous les enfants se trouvent également partagés, et que le bien du père est tout à fait épuisé. Quel est le bien du père, la part de chaque enfant, et le nombre des enfants?

Le bien du père est égal à $a(n-1)^2$, le nombre des enfants à $n-1$.

**24.** Un réservoir, qui est plein d'eau, peut se vider par deux robinets de grandeurs inégales. On ouvre l'un d'eux et l'on fait couler le quart de l'eau; puis alors on ouvre l'autre et on les laisse couler tous les deux. Le réservoir achève de se vider, et emploie pour cela $\frac{5}{4}$ d'heure de plus qu'il n'a fallu au premier robinet pour vider le quart de l'eau. Si l'on eût ouvert les deux robinets dès le commencement, le réservoir se serait vidé un quart d'heure plus tôt. Combien faudrait-il au premier robinet, s'il coulait constamment seul, pour vider le réservoir?

*Réponse.* 4 heures.

Le problème peut se mettre facilement en équation par l'emploi des inconnues auxiliaires suivantes :

$x$     temps que le premier robinet met à vider le $\frac{1}{4}$ du réservoir;

$V$     capacité du réservoir;

$m, m'$ quantité d'eau que donne chaque robinet en 1 heure.

**25.** Un particulier a employé dans l'été un ouvrier pendant 13 journées, et dans l'hiver pendant 17 journées, pour chacune desquelles il recevait 2 fr. de plus que pour une journée d'été. La première fois, l'ouvrier a mérité en outre par son zèle une gratification de 22 fr.; mais, la seconde fois, il a subi une retenue de 28 fr., à raison de quelques dégâts qu'il avait causés. Il a reçu chaque fois la même somme, et l'on veut connaître le prix de la journée d'été.

*Réponse.* Le prix de la journée d'été est de 4 fr.

**26.** Une personne possède un capital qu'elle fait valoir à un certain intérêt. Une autre personne, qui possède 10 000 fr. de plus que la première, et qui fait valoir son capital à 1 de plus p. 100, a un revenu plus grand de 800 fr. Une troisième, qui possède 15 000 fr. de plus que la première, et qui fait valoir son bien à 2 de plus p. 100, a un revenu plus grand de 1500 fr. On demande les biens des trois personnes, et à quel intérêt chacune fait valoir son bien?

*Réponse.* La première personne possède un capital de 30 000 fr. qu'elle fait valoir à 4 p. 100.

**27.** Cinq enfants ont à se partager 135 fr. de manière que chaque enfant, à partir du plus jeune, prendra autant de francs qu'il a d'années, et en sus le $\frac{1}{10}$ du reste. Par cette disposition les enfants reçoivent des parts égales, et la mère reçoit autant de francs qu'il y a d'unités dans la somme des âges des enfants. Quel est l'âge de chaque enfant?

*Réponse.* 5 ans, 7 ans, 9 ans, 11 ans et 13 ans.

**28.** En 1812, il s'était écoulé depuis la mort de Newton autant d'années que ce savant avait vécu. Si Descartes était mort 15 ans plus tard, il aurait atteint les $\frac{2}{3}$ de sa vie au moment de la naissance de Newton.

Ce dernier était âgé de 20 ans au moment de la mort de Descartes. Enfin, 23 ans après la mort de Newton, il y avait un siècle que Descartes avait cessé de vivre. Quel âge avaient Descartes et Newton au moment de leur mort?

*Réponse.* 90 et 97 ans.

**29.** Deux fontaines coulent dans un même bassin successivement, la première pendant la moitié du temps que la seconde mettrait seule à le remplir. Alors on l'arrête et on laisse couler la deuxième jusqu'à ce que le bassin soit rempli. Si les deux fontaines avaient coulé ensemble, la première n'aurait donné que le 1/5 de l'eau fournie par la deuxième, et le bassin aurait été rempli 4 heures plus tôt que dans le cas précédent. On demande le temps que chaque fontaine coulant seule mettrait à remplir le bassin.

*Réponse.* Soient $x$ et $y$ les quantités d'eau que chaque fontaine donne en une heure. Représentons par 1 la capacité du bassin.

On a, pour déterminer $x$ et $y$, les deux équations suivantes:

$$x = \frac{1}{5} y,$$

$$\frac{1}{x+y} + 4 = \frac{4}{2y} + \frac{1 - \frac{x}{2y}}{y},$$

d'où l'on tire

$$y = \frac{17}{120}, \quad x = \frac{17}{600}.$$

Le temps cherché est pour le premier robinet $\frac{600^h}{17}$, pour le deuxième $\frac{120^h}{17}$.

### ÉQUATIONS DU 2ᵉ DEGRÉ OU QUI S'Y RAMÈNENT.

1. 
$$x + 5 = \sqrt{x + 5} + 6,$$
$$x_1 = -1, \quad x_2 = 4.$$

2. 
$$\sqrt{x + 12} + \sqrt[3]{x + 12} = 6,$$
$$x_1 = 69, \quad x_2 = 4.$$

3. 
$$x + 16 - 7\sqrt{x + 16} + 10 = 0,$$
$$x_1 = 9, \quad x_2 = -12.$$

4. 
$$x^2 - 2x + 6\sqrt{x^2 - 2x + 5} = 11,$$
$$x = 1, \quad x = 1 \pm 2\sqrt{15}.$$

5.
$$\sqrt{x^2 + x + 6} = \frac{60 - 4\sqrt{x^2 + x + 6}}{\sqrt{x^2 + x + 6}},$$
$$x = 5, \quad x = -6, \quad x = \frac{-1 \pm \sqrt{377}}{2}.$$

6.
$$\frac{\sqrt{a^2 - x^2} - \sqrt{b^2 + x^2}}{\sqrt{a^2 - x^2} + \sqrt{b^2 + x^2}} = \frac{c}{d},$$
$$x = \pm \sqrt{\frac{a^2(c - d)^2 - b^2(c + d)^2}{2(c^2 + d^2)}}.$$

7.
$$\frac{x + y}{x} = \frac{7}{5}, \quad xy + y^2 = 126,$$
$$x = \pm 15, \quad y = \pm 6.$$

8.
$$\frac{x^2 + y^2}{x^2 - y^2} = \frac{25}{7}, \quad xy^2 = 36, \quad x = 4, \quad y = \pm 3.$$

9.
$$x^2 + xy = 24, \quad xy + x^2 = 40,$$
$$x = \pm 3, \quad y = \pm 5.$$

10.
$$x^2 - xy = 48, \quad xy - y^2 = 12.$$
$$x = \pm 8, \quad y = \pm 2.$$

11.
$$\frac{x^3 + y^3}{x^3 - y^3} = \frac{234}{109}, \quad xy^2 = 175,$$
$$x = 7, \quad y = 5.$$

12.
$$\frac{x + 2y}{y} = \frac{12}{5}, \quad 10x + 5y = \frac{343 - 7x^2}{x + y},$$
$$x = \pm 2, \quad y = \pm 5.$$

13.
$$\frac{x^3 - y^3}{x^2y - xy^2} = 3, \quad x + y = 6,$$
$$x = 3, \quad y = 3.$$

14.
$$18\,\frac{x}{y} = \frac{8y}{x}, \quad 3xy + 2x + y = 485,$$
$$\begin{cases} x = 10 \\ y = 15, \end{cases} \quad \begin{cases} x = -\dfrac{97}{9} \\ y = -\dfrac{97}{6}. \end{cases}$$

15.
$$x + y = a,$$
$$xy(x^2 + y^2) = b,$$
$$x = \tfrac{1}{2}\left(a \pm \sqrt{\mp \sqrt{a^4 - 8b}}\right),$$
$$y = \tfrac{1}{2}\left(a \mp \sqrt{\mp \sqrt{a^4 - 8b}}\right).$$

16.
$$x + y = xy,$$
$$x^2 + y^2 + x + y = a,$$
$$\left\{ \begin{aligned} x &= \tfrac{1}{4}\left(1 \pm \sqrt{4a+1} + \sqrt{4a-6 \mp 6\sqrt{4a+1}}\right). \\ y &= \tfrac{1}{4}\left(1 \pm \sqrt{4a+1} - \sqrt{4a-6 \mp 6\sqrt{4a+1}}\right), \end{aligned} \right.$$

ou inversement la première valeur désignant $y$, la deuxième $x$.

17.
$$x^2 + y^2 + xy(x+y) = 68,$$
$$x^3 + y^3 - 3x^2 = 12 + 3y^2.$$
$$\left\{ \begin{aligned} x &= 4 \\ y &= 2, \end{aligned} \right. \quad \left\{ \begin{aligned} x &= 2 \\ y &= 4. \end{aligned} \right.$$

18.
$$(x^2 + y^2)(x^3 + y^3) = 455,$$
$$x + y = 5.$$
$$\left\{ \begin{aligned} x &= \frac{15 \pm \sqrt{-309}}{6} \\ y &= \frac{15 \mp \sqrt{-309}}{6} \end{aligned} \right. \quad \left\{ \begin{aligned} x &= 3 \\ y &= 2, \end{aligned} \right. \quad \left\{ \begin{aligned} x &= 2 \\ y &= 3. \end{aligned} \right.$$

19.
$$(x^2 + y^2)(x^3 + y^3) = a,$$
$$x + y = b.$$

Posons, pour abréger,

$$\sqrt{-6b^2 + 3\sqrt{25b^4 + 24(a-b^5)}} = R,$$

nous aurons :

$$\left\{ \begin{aligned} x &= \tfrac{1}{6}(3b \pm R), \\ y &= \tfrac{1}{6}(3b \mp R). \end{aligned} \right.$$

20.
$$x^4 - 2x^2y^2 + y^4 - x^2 + y^2 = 20,$$
$$x^4 - 2x^2y + y^2 = 49,$$

On détermine

$$x^2 - y^2 \quad \text{et} \quad x^2 - y.$$

On trouve finalement :

$$\left\{ \begin{aligned} x &= \pm 3 \\ y &= 2, \end{aligned} \right. \quad \left\{ \begin{aligned} x &= \pm \sqrt{6} \\ y &= -1, \end{aligned} \right. \quad \left\{ \begin{aligned} x &= \pm \sqrt{\frac{15 \pm 3\sqrt{5}}{2}}, \\ y &= \frac{1 \pm 3\sqrt{5}}{2}. \end{aligned} \right.$$

21.
$$x^4 + y^4 = 1 + 2xy + 3x^2y^2,$$
$$x^3 + y^3 = 1 + x + 2y^2 + 2xy^2,$$
$$y = 1, \quad x = 2.$$

22.
$$x^{x+y} = y^{4m},$$
$$y^{x+y} = x^m.$$

$$y = \frac{-1 \pm \sqrt{8m+1}}{2},$$

$$x = y^2 = \frac{4m+1 \mp \sqrt{8m+1}}{2}.$$

23.
$$\sqrt{\frac{3x}{x+y}} + \sqrt{\frac{x+y}{3x}} = 2,$$
$$xy - (x+y) = 54.$$

On pose

$$\frac{3x}{x+y} = z^2;$$

on détermine $z$, et à chaque valeur de $z$ correspond un système de deux équations à deux inconnues qui donnent :

$$\begin{cases} x = 6 \\ y = 12, \end{cases} \qquad \begin{cases} x = -\dfrac{9}{2}, \\ y = -9. \end{cases}$$

24.
$$\sqrt{\frac{5x}{x+y}} + \sqrt{\frac{x+y}{5x}} = 2, \qquad xy + x + y = 84.$$

$$\begin{cases} x = 4 \\ y = 16 \end{cases} \qquad \begin{cases} x = -\dfrac{21}{4} \\ y = -21. \end{cases}$$

25.
$$\sqrt{\frac{3x-2y}{2x}} + \sqrt{\frac{2x}{3x-2y}} = 2,$$
$$x^2 - 18 = x(4y - 9).$$

$$\begin{cases} x = 6 \\ y = 3, \end{cases} \qquad \begin{cases} x = 3, \\ y = \dfrac{3}{2}. \end{cases}$$

26.
$$\frac{\sqrt{x+y}}{y} + \frac{y}{\sqrt{(x+y)^3}} = \frac{17}{4\sqrt{x+y}}, \qquad x = 2 + y^2.$$

Au moyen de la première équation on obtient

$$\frac{x+y}{y} \qquad \text{ou} \qquad \frac{x}{y}.$$

On trouve finalement

$$x = 3, \qquad y = 1.$$

27.
$$x^2 + x\sqrt[3]{xy^2} = 208,$$
$$y^2 + y\sqrt[3]{yx^2} = 1053.$$
$$x = \pm 8, \qquad y = \pm 27.$$

28.
$$x + xy^3 - xy - xy^2 = a,$$
$$x^2 + x^2y^6 - x^2y^2 - x^2y^4 = b.$$

Par l'élimination de $x$ on trouve

$$y = \frac{-b \pm a\sqrt{2b - a^2}}{a^2 - b},$$

et ensuite

$$x = \frac{(a^2 - b)^3}{2a\left[a(a^2 - 2b) \pm b\sqrt{2b - a^2}\right]\left[a \mp \sqrt{2b - a^2}\right]}$$

QUESTIONS SUR LES RELATIONS ENTRE LES COEFFICIENTS ET LES RACINES
DE L'ÉQUATION DU $2^e$ DEGRÉ.

1. Relation entre les coefficients $a$, $b$, $c$ d'une équation du $2^e$ degré et la différence $\delta$ de ses racines.

*Réponse.* $\qquad a^2\delta^2 + 4ac = b^2.$

2. Démontrer que pour les équations

$$ax^2 + bx + c = 0$$
$$a'x^2 + b'x + c' = 0$$

aient les mêmes racines, il faut que l'on ait

$$\frac{a}{a'} = \frac{b}{b'} = \frac{c}{c'}.$$

3. Former la somme des carrés, des cubes, des quatrièmes puissances et des inverses des quatrièmes puissances des racines de l'équation $\qquad ax^2 + bx + c = 0.$

*Réponse.* $\qquad x'^4 + x''^4 = \dfrac{b^4 - 4ab^2c + 2a^2c^2}{a^4}.$

On a $\qquad \dfrac{1}{x'^4} + \dfrac{1}{x''^4} = \dfrac{b^4 - 4ab^2c + 2a^2c^2}{c^4}.$

PROBLÈMES CONDUISANT A DES ÉQUATIONS DU $2^e$ DEGRÉ.

1. Une personne achète un cheval pour une certaine somme, le revend 144 fr., et gagne à ce marché autant pour 100 fr. que le cheval lui a coûté. Quel est le prix du cheval?

*Réponse.* 80 fr.

2. Un régiment en garnison est composé de 160 hommes; chaque compagnie en contient le même nombre. Lorsque le régiment se met en marche, il laisse 3 compagnies pour le service; mais alors on est obligé de lui fournir un contingent additionnel de 12 hommes par compagnie de marche pour le maintenir au chiffre de 160 hommes. On demande le nombre de compagnies du régiment?

*Réponse.* 8.

3. Un maître donne à son élève deux nombres à multiplier l'un par l'autre. L'un des nombres surpasse l'autre de 75. Voulant faire la preuve en divisant le produit par le plus petit nombre, il trouve pour quotient 227 et pour reste 113. Le maître lui dit de corriger l'erreur. L'élève trouve qu'il s'est trompé de 1000. Quels sont les deux nombres?

*Réponse.* 159 et 234.

**4.** Un père de famille laisse en mourant 46 800 fr., que ses enfants doivent se partager également; mais il arrive qu'aussitôt après le décès du père, deux de ses enfants meurent subitement, ce qui augmente de 1950 fr. la part des autres. On demande quel était le nombre des enfants?

*Réponse.* 8 enfants.

**5.** Un voyageur part d'un point B pour aller vers un point C en même temps qu'un autre voyageur part de C pour aller vers B. Chacun d'eux marche avec une vitesse constante. Ces deux vitesses ont un rapport tel, que le premier arrive en C quatre heures après qu'ils se sont rencontrés, et que le second arrive en B neuf heures après cette rencontre. On demande quel est le rapport des vitesses?

*Réponse.* $\dfrac{3}{2}$.

**6.** Calculer les trois côtés $x$, $y$, $z$ d'un triangle qui, en tournant successivement autour de chacun de ses côtés, décrit des volumes V, V', V''.

**7.** A une sphère donnée, inscrire un cylindre ayant un rapport donné $m$ avec la somme des deux segments sphériques adjacents.

*Réponse.* Soit R le rayon de la sphère, $y$ la moitié de la hauteur du cylindre. On aura

$$(1) \qquad 3(R^2 - y^2)\,y = m(R - y)^2\,(2R + y),$$

d'où, en supprimant le facteur commun $R - y$ et en ordonnant :

$$(2) \qquad y^2 + Ry - \frac{2m}{m+3}\,R^2 = 0.$$

REMARQUE. La suppression du facteur $R - y$ équivaut à celle de la solution $y = R$, solution qui, évidemment, ne convient pas au problème.

**8.** Couper un triangle ABC par une droite AD, passant par le sommet A, de manière que les corps engendrés par les deux segments ABD, ACD, tournant autour d'un axe donné XY, situé dans leur plan, soient équivalents.

*Réponse.* Soient A', B', C' les projections des sommets A, B, C sur la droite XY.

Posons $AA' = a$, $BB' = b$, $CC' = c$, $BC = l$, $BD = x$.

L'inconnue $x$ est donnée par l'équation du second degré

$$2(b - c)\,x^2 - 2(a + 2b)\,lx + (a + b + c)\,l^2 = 0.$$

**9.** Un commerçant malhonnête se sert de fausses balances pour acheter et pour vendre; de cette manière il parvient à gagner 11 p. 100

de plus que s'il se servait de balances exactes. Mais si les plateaux de la balance qu'il emploie pour son commerce frauduleux étaient échangés, c'est-à-dire s'il se servait, pour mettre la marchandise qu'il vend, du plateau où il met la marchandise qu'il achète, et réciproquement, son gain se réduirait à néant. On demande quel serait le gain légitime p. 100 que le marchand réaliserait en se servant de balances exactes.

*Réponse.* Représentons par $a$ le prix que le commerçant est censé payer sa marchandise le kilogramme lorsqu'il exerce son commerce frauduleux, $b$ le prix qu'il est censé le vendre, $k$ le rapport des bras de levier de la balance qu'il emploie, $x$ son gain légitime p. 100, s'il payait réellement sa marchandise $a$ fr. le kilogramme et s'il la revendait $b$ fr. Il est facile de voir que le problème conduit aux équations suivantes :

$$\frac{b-a}{a}=\frac{x}{100},$$

$$\frac{\dfrac{b}{k}-ak}{ak}=\frac{x+11}{100},$$

$$bk-\frac{a}{k}=0.$$

Éliminant $a$, $b$, $k$ entre ces trois équations, et résolvant l'équation obtenue, on trouve

$$x=10.$$

10. On a un tube cylindrique vertical plein de mercure communiquant, par un très-petit orifice percé à sa base, avec un vase cylindrique fermé, plein d'air sec, dont l'élasticité est d'abord égale à la pression atmosphérique 76 centimètres. La hauteur du tube est de 24 centimètres et sa base de 1 centimètre carré. La hauteur du vase est de 8 centimètres et sa base de 60 centimètres carrés.

Le tube étant d'abord fermé par le haut, si l'on vient à déboucher dans l'air son ouverture supérieure, une partie du mercure s'écoulera dans le vase. On demande où se fixera le niveau du mercure dans le tube au moment où cet écoulement s'arrêtera.

*Réponse.* $x=4$ centimètres.

## PROBLÈMES SUR LES MAXIMA ET LES MINIMA.

1. Un marchand paye du drap 9 fr. le mètre, et en vend 10 000 mètres dans une année à 12 fr. ; dans ces conditions, ses frais généraux, personnel et magasin, s'élèvent à 10 000 fr. On demande à quel prix il doit vendre son drap pour gagner le plus d'argent possible, sachant que le nombre de ses clients varie en raison inverse du carré du bénéfice qu'il réalise sur la vente d'un mètre, et que ses frais généraux croissent

en rapport direct avec le nombre de mètres de drap vendus dans une année.

*Réponse.* 11 fr.

**2.** Une compagnie de chemins de fer fait marcher ses trains avec une vitesse moyenne de 20 kilomètres à l'heure; dans ces conditions elle réalise 20 000 000 de recette avec les prix des places des voyageurs; mais elle dépense 12 000 000 en dehors de ses frais généraux, en combustible et par suite de l'usure du matériel. On demande avec quelle vitesse moyenne elle doit marcher pour réaliser les plus grands bénéfices, en supposant que le nombre des voyageurs croisse proportionnellement à la vitesse, et les frais de combustible et de réparation du matériel proportionnellement au carré de la vitesse.

*Réponse.* Il faut trouver le maximum de l'expression

$$\frac{20\,000\,000\,v}{20} - \frac{12\,000\,000\,v^2}{20^2} = 1\,000\,000\,v - 30\,000\,v^2,$$

ou de

$$100\,v - 3V^2.$$

Cette expression est maximum pour $v = 16^{\text{k}},6$.

**3.** On donne deux droites rectangulaires $Ox$, $Oy$; deux mobiles se meuvent, l'un sur $Ox$, l'autre sur $Oy$; le premier arrive au point O $h$ heures avant le second. On demande le minimum de leur distance.

**4.** On donne deux cercles concentriques de rayon R et $r$: trouver le rectangle maximum ayant deux sommets sur la première circonférence et deux sommets sur la deuxième.

**5.** On donne deux droites, l'une horizontale OB, l'autre verticale OA; en quel point D de la droite verticale OA doit-on s'élever pour apercevoir un segment donné BC de la droite horizontale sous le plus grand angle possible?

*Réponse.* Si nous prenons pour données $OB = a$, $OG = b$, nous trouvons la hauteur cherchée

$$x = \sqrt{ab}.$$

**6.** Une petite surface blanche est posée horizontalement sur une table et éclairée par une lampe dont le pied est à une distance constante $d$ de la surface. A quelle hauteur doit se trouver la flamme pour que la surface soit éclairée le plus possible?

*Réponse.* Si l'on désigne par $x$ la hauteur de la flamme, on a

$$x = \frac{d}{\sqrt{2}}.$$

**7.** Un ingénieur est chargé de construire une route rectiligne qui conduise d'un point donné A à la direction RR' d'une voie ferrée. La vitesse sur la route rectiligne est $v$, et sur la voie ferrée $v'$. Déterminer le point B d'intersection des deux voies pour que la route brisée ABC conduise du point A à un point C de RR' aussi éloigné que l'on voudra dans le moindre temps possible.

*Réponse.* En désignant par $d$ la distance AD du point A à RR', et par $x$ la longueur DB, on trouve

$$x = \frac{\pm dv}{\sqrt{v'^2 - v^2}}. \quad \text{(Discuter.)}$$

8. Un corps A situé à une distance de l'horizontale BC égale à 100 fois la vitesse de la lumière, tombe d'un mouvement uniforme avec une vitesse égale à 10 fois la vitesse de la lumière, et devient lumineux à partir du commencement de sa chute. On demande en quel point D il doit parvenir pour être aperçu pour la première fois d'un observateur situé en un point C de l'horizontale BC, à une distance du point B égale à 20 fois la vitesse de la lumière.

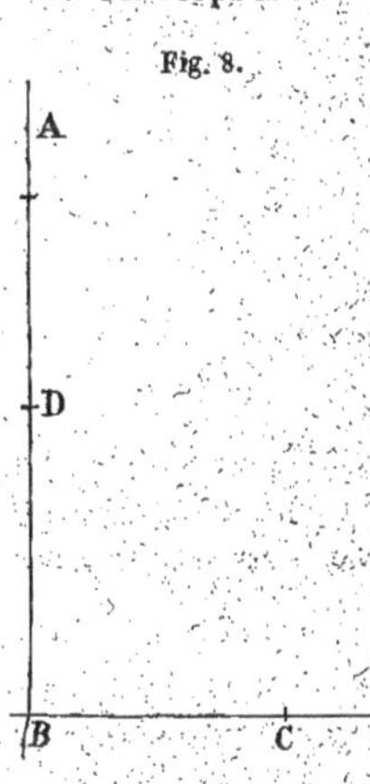


9. On veut construire une citerne pouvant contenir 100000 mètres cubes d'eau et dont le fond soit formé d'un revêtement en béton coûtant 4 francs par mètre carré. On demande quelle profondeur il faut lui donner pour que les frais soient minimum, sachant que pour creuser la citerne on est obligé de payer par mètre cube, pour le premier mètre de profondeur, $0^f,20$, pour le deuxième $0^f,30$, pour le troisième $0^f,40$ et ainsi de suite avec la profondeur.

10. On donne un angle quelconque $\alpha$ et un point M entre les deux côtés de l'angle; on propose de mener par le point M une sécante telle que le périmètre du triangle qu'elle détermine avec les deux côtés de l'angle soit un minimum.

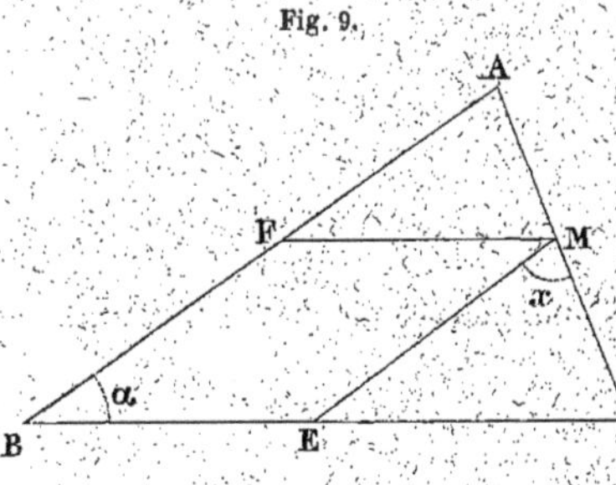


*Réponse.* Posons $MF = a$, $ME = b$. En prenant pour inconnue l'angle $EMC = x$,

on trouve que le périmètre U du triangle est égal à

$$U = a + b + a \cos\alpha + a \sin\alpha \cot\tfrac{1}{2}x + b\left[\frac{\cot\tfrac{1}{2}\alpha \times \cot\tfrac{1}{2}x + 1}{\cot\tfrac{1}{2}\alpha \cot\tfrac{1}{2}x - 1}\right].$$

Désignons par M la partie de U qui dépend de $x$. Posons, pour abréger :

$$\operatorname{cotg} \tfrac{1}{2} x = z, \qquad \operatorname{cotg} \tfrac{1}{2} \alpha = c.$$

Nous aurons entre M et $z$ la relation

$$M\,(cz - 1) = a \sin \alpha\,(cz^2 - z) + b\,(cz + 1)$$

ou

$$z^2 - \frac{(M + 2 \sin^2 \tfrac{1}{2} \alpha - b)}{a \sin \alpha}\,z + \frac{M + b}{a \sin \alpha \operatorname{cotg} \tfrac{1}{2} \alpha} = 0.$$

Au moyen de cette équation on trouve que le minimum de M est

$$M = b + 2a \sin^2 \tfrac{1}{2} \alpha + 4 \sin \frac{\alpha}{2} \sqrt{ab},$$

et par suite le minimum de U est

$$U = 2\,(b + a) + 4 \sin \tfrac{1}{2} \alpha \sqrt{ab}.$$

## SUR LES PROGRESSIONS ARITHMÉTIQUES.

**1.** On fait creuser un puits de 10 mètres de profondeur. On paye 4 fr. pour le premier mètre de profondeur, et l'on augmente ensuite de 1f,50 pour chaque mètre suivant. Combien payera-t-on pour creuser le puits ?

*Réponse.* 107f,50.

**2.** Un débiteur convient avec son créancier de payer par mois une dette de 12 950 fr. Le premier mois, 600 fr., et chaque mois 50 fr. de plus. En combien de temps aura-t-il payé sa dette ?

*Réponse.* 14 mois.

**3.** Si l'on désigne par $S_1$, $S_2$, $S_3$ les sommes des $n$ premiers termes de trois progressions, dont le premier terme est 1 et les raisons respectives 1, 2 et 3, on a

$$S_1 + S_3 = 2 S_2.$$

**4.** Dans une progression arithmétique dont le $(p+q)^e$ terme est $m$ et le $(p-q)^e$ $n$, le $p^e$ terme est égal à $\tfrac{1}{2}\,(m + n)$ et le $q^e$ à $m - (m - n)\,\dfrac{p}{2q}$.

**5.** Si l'on a $p$ progressions arithmétiques commençant par l'unité, et dont les raisons respectives sont

$$1, 2, 3 \ldots, p,$$

en ajoutant les $n^{es}$ termes de ces progressions, on trouve une somme égale à

$$\tfrac{1}{2}\,[(n - 1)p^2 + (n + 1)p].$$

**6.** Si $S_1, S_2, S_3\ldots, Sp$ sont les sommes des $n$ premiers termes de $p$ progressions arithmétiques, dont les premiers termes sont respectivement

$$1, 2, 3\ldots,$$

et les raisons

$$1, 3, 5, 7\ldots,$$

on a

$$S_1 + S_2 + S_3\ldots + Sp = \frac{1}{2}\, np\,(np+1).$$

**7.** Du 8 au 19 juin, le thermomètre a monté chaque jour d'un 1/2 degré. La température moyenne de ces douze jours a été de 18 degrés 3/4. On demande quelle était la température le 8 juin?

*Réponse.* 16 degrés.

**8.** Un domestique est convenu avec son maître que ses gages augmenteront de 1f,25 par mois, jusqu'à ce qu'ils atteignent le chiffre de 75 fr. A la fin du premier mois, où il reçoit 75 fr., il trouve que ses gages, également répartis sur tout le temps de son service, lui ont fait une moyenne de 60 fr. par mois. On demande combien de temps il a servi?

*Réponse.* 25 mois.

**9.** Une place assiégée renferme 1000 soldats. Le commandant de place décide que pour pouvoir résister plus longtemps la ration de chaque homme sera réduite à 4 kilogrammes de farine par semaine. Mais pendant le siége il meurt 20 soldats par semaine; cela permet au commandant de place de prolonger deux fois plus longtemps la durée de la résistance qu'il ne l'avait espéré. On demande quelle quantité de farine il y avait dans la place et la durée du siége.

### SUR LES PROGRESSIONS GÉOMÉTRIQUES.

**1.** Quelqu'un sème un hectolitre de froment; la seconde année il sème toute la récolte, la troisième année toute la récolte de la seconde et ainsi de suite jusqu'à la dixième année où il récolte 1 048 576 hectolitres de froment. On demande dans quel rapport la récolte a augmenté annuellement?

*Réponse.* 4 fois.

**2.** La population d'un pays s'accroît chaque année de $\dfrac{1}{100}$ de ce qu'elle est au commencement de l'année; la population est actuellement de 15 600 000 habitants; que sera-t-elle dans vingt ans?

**3.** Un joueur joue 1 franc et le perd; il joue quitte ou double, et perd encore; il continue ainsi, et perd 15 fois de suite; quelle est sa perte finale?

4. On donne deux progressions géométriques indéfiniment décroissantes :

$$1 \qquad r_1 \qquad r_1^2 \ldots$$
$$1 \qquad r_2 \qquad r_2^2 \ldots$$

Si l'on désigne par $s_1$, $s_2$ la limite de la somme des termes de ces deux progressions, la progression

$$1 + r_1 r_2 + r_1^2 r_2^2 \ldots$$

a pour limite

$$\frac{s_1 s_2}{s_1 + s_2 - 1}.$$

5. Trouver trois termes consécutifs d'une progression géométrique, sachant que leur produit est $a^3$ et la somme de leurs cubes $b^3$.

6. On multiplie membre à membre les termes d'une progression arithmétique

$$a \qquad a+b \qquad \ldots \qquad a+(n-1)b,$$

et d'une progression géométrique

$$1 \qquad r \qquad r^2 \qquad r^{n-1},$$

trouver la somme des $n$ premiers termes de la série

$$a \qquad (a+b)r \qquad [a+(n-1)b]r^{n-1}.$$

*Réponse.* (*) $\quad S = \dfrac{[a+(n-1)b]r^n - a}{r-1} - \dfrac{br(r^{n-1} - 1)}{(r-1)^2}.$

7. On distribue à $n$ pauvres une certaine somme d'argent; on donne au premier $a^{\text{fr}}$ plus la $c^e$ partie du reste; au deuxième $2a^{\text{fr}}$ plus la $c^e$ partie du reste; au troisième $3a^{\text{fr}}$ plus la $c^e$ partie du reste, etc. Alors il reste $b^{\text{fr}}$. Quelle somme a-t-on distribuée?

*Réponse.* Soit $x_v$ ce qui reste de la somme avant que le $v^e$ pauvre reçoive sa part, $x_{v+1}$ ce qui reste après. On a

$$x_v - av - \frac{(x_v - av)}{c} = x_{v+1},$$

ou

$$x_v - \frac{c}{c-1} x_{v+1} = av. \qquad\qquad (1)$$

Dans l'équation (1) remplaçons $v$ par les valeurs successives 1, 2, …, $n$. Nous aurons, en remarquant que $x_{n+1}$ n'est autre chose que $b$, les $n$ équations suivantes :

---

(*) La formule qui donne S peut s'obtenir facilement en retranchant la somme proposée du produit de cette somme par $r$.

$$x_1 - \frac{c}{c-1} x_2 = a,$$

$$x_2 - \frac{c}{c-1} x_3 = 2a,$$

$$\cdots \cdots \cdots$$

$$x_{n-1} - \frac{c}{c-1} x_n = (n-1)a,$$

$$x_n - \frac{c}{c-1} b = na.$$

La dernière nous donne

$$x_n = \frac{c}{c-1} b + na.$$

Remplaçant dans la précédente, nous aurons :

$$x_{n-1} = \left(\frac{c}{c-1}\right)^2 b + \frac{c}{c-1} na + (n-1)a,$$

$$x_{n-2} = \left(\frac{c}{c-1}\right)^3 b + \left(\frac{c}{c-1}\right)^2 na + \left(\frac{c}{c-1}\right)(n-1)a + (n-2)a;$$

et finalement $x_1$,

$$x_1 = \left(\frac{c}{c-1}\right)^n b + \left(\frac{c}{c-1}\right)^{n-1} na + \left(\frac{c}{c-1}\right)^{n-2}(n-1)a \ldots + a.$$

Simplifiant l'expression de $x_1$ à l'aide de la formule du problème précédent, on a

$$x_1 = a(c-1)^2 + [b + an(c-1) - a(c-1)^2]\left(\frac{c}{c-1}\right)^n.$$

# PROBLÈMES

## POSÉS AUX EXAMENS DE SAINT-CYR

### ET DE L'ÉCOLE NAVALE

1. Étant donnés un $\frac{1}{2}$ cercle et un point D sur le diamètre AB, mener par ce point une sécante qui divise le cercle en deux parties telles que ces deux portions, en tournant autour de AB, décrivent des volumes égaux.

[*Saint-Cyr*, composition, 1869.]

Fig. 10.

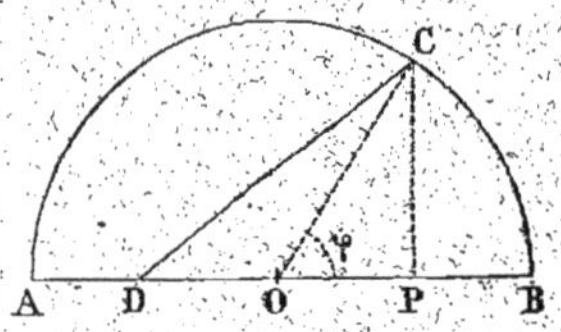

Soient $\quad OD = a, \quad OB = R.$

Prenons pour inconnue

$$COB = \varphi.$$

Le volume BDC se compose du volume d'un segment sphérique et du volume d'un cône. On a

$$\text{vol BDC} = \frac{1}{3}\pi\,\overline{CP}^2 \times DP + \frac{1}{2}\pi\,\overline{CP}^2 \times PB + \frac{1}{6}\pi\,\overline{BP}^3.$$

Or on a

$$CP = R\sin\varphi, \quad OP = R\cos\varphi, \quad BP = R(1-\cos\varphi).$$

Remplaçant, il vient

$$\frac{2}{3}\pi R^3 = \pi R^2 \sin^2\varphi\left[\frac{a + R\cos\varphi}{3} + \frac{1}{2}R(1-\cos\varphi)\right] +$$
$$\frac{1}{6}\pi R^3(1-\cos\varphi)^3.$$

Ou en simplifiant,

$$2R\cos\varphi = a\sin^2\varphi,$$
$$a\cos^2\varphi + 2R\cos\varphi - a = 0,$$

d'où l'on tire

$$\cos\varphi = \frac{-R \pm \sqrt{R^2 + a^2}}{a}.$$

La racine négative doit être rejetée comme supérieure à l'unité en valeur absolue; la seule valeur admissible est

$$\cos\varphi = \frac{-R + \sqrt{R^2 + a^2}}{a}.$$

$\varphi$ est l'un des angles aigus d'un triangle rectangle dont l'hypoténuse est $a$, et l'un des côtés de l'angle droit

$$\sqrt{R^2 + a^2} - R;$$

quantité facile à construire.

2. Inscrire dans un $\frac{1}{2}$ cercle un trapèze de périmètre donné.

[*Saint-Cyr.*]

Je représente le périmètre donné par

$$2p + 2R,$$

Fig. 11.

et je prends pour inconnues

$$AB = x, \quad CB = 2y;$$

j'aurai les équations

$$x + y = p,$$

$$x^2 = 2R(R - y) = 2R(R - p + x),$$

$$(1) \quad x^2 - 2Rx + 2R(p - R) = 0.$$

Pour que cette équation ait ses racines réelles, il faut que l'on ait la condition

$$R^2 - 2R(p - R) > 0,$$
$$3R^2 - 2pR > 0,$$
$$p < \frac{3}{2} R.$$

D'ailleurs, si elles sont réelles, elles sont toutes deux positives, car leur somme et leur produit le sont, en supposant, comme cela est évidemment nécessaire, $p > R$; mais cela ne suffit pas pour que le problème soit possible ; il faut encore pour qu'une valeur de $x$ soit admissible, qu'elle soit plus petite que $R\sqrt{2}$. Les deux racines ne peuvent pas être simultanément plus grandes que $R\sqrt{2}$, puisque leur somme est égale à $2R$. D'après une propriété du trinôme du 2° degré [Théorème II, p. 41], la plus grande des racines de l'équation (1) sera plus petite ou plus grande que $R\sqrt{2}$, suivant que le résultat de la substitution de $R\sqrt{2}$ dans (1) sera positif ou négatif. Or ce résultat est égal à

$$2R^2 - 2R^2\sqrt{2} + 2pR - 2R^2 = 2R(p - R\sqrt{2}).$$

Par conséquent les deux racines de l'équation (1) seront admissibles si

$$p > R\sqrt{2};$$

la plus grande devra être rejetée si

$$p < R\sqrt{2}.$$

Pour résumer cette discussion, nous voyons que si $p$ est compris entre R et R$\sqrt{2}$, le problème n'admet qu'une solution; il en admet deux si $p$ est compris entre

$$R\sqrt{2} \quad \text{et} \quad \frac{3}{2}R\,;$$

pour les valeurs de $p$ plus grandes que $\frac{3}{2}R$, le problème est impossible.

3. Étant donné un $\frac{1}{2}$ cercle AMB, mener une corde AM telle que si l'on

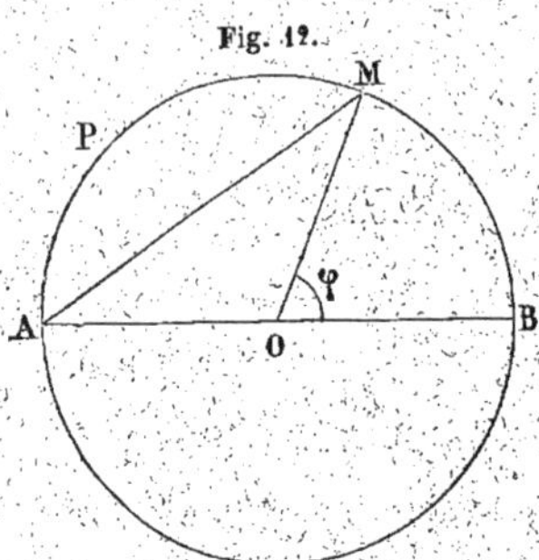


fait tourner la figure autour de AB, la surface engendrée par la corde AM soit égale à la surface engendrée par l'arc MB.

[*Saint-Cyr*, composition écrite donnée en 1870, 2ᵉ sujet.]

Prenons pour inconnue l'angle MOB $= \varphi$

$$AM = R\sqrt{2(1+\cos\varphi)},$$
$$\text{surface AM} = \pi R^2 \sin\varphi\sqrt{2(1+\cos\varphi)},$$
$$\text{surface MB} = 2\pi R^2(1-\cos\varphi).$$

Par conséquent on a l'équation

$$\sin\varphi\sqrt{2(1+\cos\varphi)} = 2(1-\cos\varphi),$$
$$2\sin^2\varphi(1+\cos\varphi) = 4(1-\cos\varphi)^2,$$
$$(1-\cos^2\varphi)(1+\cos\varphi) = 2(1-\cos\varphi)^2,$$
$$(1+\cos\varphi)^2 = 2(1-\cos\varphi),$$
$$\cos^2\varphi + 4\cos\varphi - 1 = 0,$$
$$\cos\varphi = -2 \pm \sqrt{5}.$$

La racine négative doit être rejetée; la racine positive seule convient au problème.

La projection de AM sur le diamètre est égale à

$$R\left(\sqrt{5} - 1\right);$$

elle est le double du côté du décagone régulier inscrit; de là une construction géométrique du point M.

4. Étant donné un $\frac{1}{2}$ cercle AMB, mener par le point A trois sécantes qui divisent le $\frac{1}{2}$ cercle en quatre parties telles que si l'on fait tourner le $\frac{1}{2}$ cercle autour de AB, ces quatres parties décrivent des volumes égaux.

[*Saint-Cyr*.]

D'une manière générale proposons-nous de mener une sécante AM (*fig.* 12) telle que le volume engendré par le segment de cercle APM soit au volume de la sphère dans un rapport donné K. Le volume engendré par le segment de cercle APM est égal à

$$\frac{1}{6}\pi\overline{\text{AM}}^2 \times \text{proj. de AM.}$$

Si nous appelons $\alpha$ l'angle MAB, nous avons :

$$\text{AM} = 2\text{R}\cos\alpha,$$
$$\text{proj. AM} = 2\text{R}\cos^2\alpha,$$
$$\text{vol APM} = \frac{8}{6}\pi\text{R}^3\cos^4\alpha,$$
$$\frac{\text{vol APM}}{\text{vol sphère}} = \cos^4\alpha = \text{K.}$$
$$\cos\alpha = \sqrt[4]{\text{K.}}$$

On prendra pour $\alpha$ l'angle inférieur à $\frac{\pi}{2}$ dont le cosinus est $\sqrt[4]{\text{K}}$.

**5.** On laisse tomber une pierre du haut d'un pont, on demande la distance de l'observateur au niveau de l'eau, connaissant le temps qui s'est écoulé entre l'instant où l'on a laissé tomber la pierre et celui où l'on a entendu le bruit qu'elle fait en frappant l'eau.

[Saint-Cyr.]

Soit $x$ la distance cherchée, $t$ le temps observé, $t'$ le temps que la pierre met à tomber, $t''$ le temps que le son met à remonter, $v$ la vitesse du son.

On a les équations

$$x = \frac{1}{2}gt'^2 = vt'',$$
$$t = t' + t''.$$

Par conséquent l'équation du problème est

$$\frac{1}{2}gt'^2 = v(t - t'),$$
$$\frac{1}{2}gt'^2 + vt' - vt = 0;$$

équation qui a ses racines réelles et de signes contraires ; la racine positive est seule acceptable. La solution du problème est ainsi plus simple qu'en gardant pour inconnue $x$.

**6.** Étant donnés un cercle O, une tangente TT′ au cercle, on propose de mener dans le cercle une corde AB perpendiculaire à la tangente, telle que le volume engendré par le triangle MAB, en tournant autour de TT′, soit égal à un volume donné.

[Saint-Cyr.]

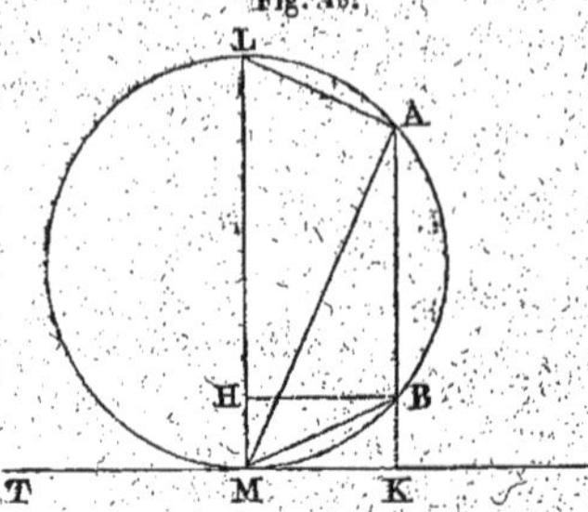

Fig. 13.

$$\text{vol MAB} = \frac{1}{3}\, \text{MK} \times \text{surface AB}$$
$$= \frac{1}{3}\, \pi x \left(\overline{\text{AK}}^2 - \overline{\text{BK}}^2\right)$$
$$= \frac{1}{3}\, \pi x (\text{AK} + \text{BK})(\text{AK} - \text{BK})$$
$$= \frac{2}{3}\, \pi \text{R} x \times \text{AB}.$$

Or on a

$$\text{AB} = 2\sqrt{\text{R}^2 - x^2}.$$

Si nous désignons le volume donné par $\frac{4}{3}\pi m^3$, nous avons l'équation

$$\frac{4}{3}\pi m^3 = \frac{4}{3}\pi \text{R} x \sqrt{\text{R}^2 - x^2},$$

$$(1) \qquad\qquad m^6 = \text{R}^2 x^2 (\text{R}^2 - x^2).$$

Sous cette forme on voit que le volume est maximum quand

$$x^2 = \text{R}^2 - x^2,$$
$$2x^2 = \text{R}^2, \qquad x = \frac{\text{R}\sqrt{2}}{2}.$$

Résolvons l'équation bicarrée; nous aurons

$$x^2 = \frac{\text{R}^3 \pm \sqrt{\text{R}^6 - 4m^6}}{2\text{R}}.$$

Les deux valeurs de $x^2$ sont positives si elles sont réelles; comme elles sont d'ailleurs plus petites que $\text{R}^2$, elles sont toutes deux acceptables et donnent deux valeurs admissibles pour $x$. On voit encore que le volume est maximum quand on a

$$\text{R}^6 = 4m^6,$$
$$x = \frac{\text{R}\sqrt{2}}{2}.$$

7. Étant donnés un cercle O, une tangente TT' au cercle, on demande de mener par l'extrémité du diamètre vertical ML une corde LA, telle que le triangle MLA, en tournant autour de TT', décrive un volume maximum.

[Saint-Cyr.]

Prenons pour inconnue la projection de LA sur le diamètre LM (fig. 13) et désignons cette projection par $x$; nous aurons

$$\text{vol LAM} = \text{surf AL} \times \frac{\text{AM}}{3} =$$
$$\pi(\text{ML} + \text{AK})\,\text{AL} \times \frac{\text{AM}}{3}.$$

Or on a

$$AK = 2R - x, \quad AL = \sqrt{2Rx}, \quad AM = \sqrt{2R(2R - x)},$$
$$\text{vol LAM} = \frac{2\pi R}{3} [4R - x] \sqrt{x(2R - x)}.$$

Le problème revient donc à trouver le maximum du produit

$$(1) \qquad x(2R - x)(4R - x)^2.$$

J'applique la méthode développée page 52; je remarque que le produit sera maximum en même temps que le produit

$$(2) \qquad \frac{x}{\alpha} \frac{(2R - x)}{\beta} \frac{(4R - x)^2}{\gamma^2},$$

$\alpha$, $\beta$, $\gamma$ étant des constantes positives.

Si l'on peut disposer des constantes $\alpha$, $\beta$, $\gamma$ de manière que la somme des facteurs soit constante et qu'il y ait une valeur de $x$ qui puisse les rendre égaux, cette valeur rendra maximum le produit proposé si elle rend positifs les facteurs de ce produit.

J'écris que dans le produit (2) la somme des coefficients de $x$ est nulle; j'ai ainsi l'équation

$$(3) \qquad \frac{1}{\alpha} - \frac{1}{\beta} - \frac{2}{\gamma} = 0.$$

Les facteurs étant égaux, nous avons les relations

$$\frac{x}{\alpha} = \frac{2R - x}{\beta} = \frac{4R - x}{\gamma}.$$

Remplaçant dans (3) $\alpha$, $\beta$, $\gamma$ par les quantités proportionnelles, $x$, $2R - x$, $4R - x$, nous avons pour déterminer $x$ l'équation

$$(4) \qquad \frac{1}{x} - \frac{1}{2R - x} - \frac{2}{4R - x} = 0,$$
$$2x^2 - 7Rx + 4R^2 = 0,$$

qui nous donne

$$x = \frac{7R \pm R\sqrt{17}}{4}.$$

La valeur de $x$ qui correspond au signe $+$ du radical doit être rejetée comme plus grande que $2R$; celle qui correspond au signe $-$ est acceptable parce qu'elle rend les facteurs $x$, $2R - x$ et $4R - x$ positifs. Le volume est donc maximum pour

$$x = \frac{R}{4} (7 - \sqrt{17}).$$

8. Inscrire dans un secteur, dont l'angle au centre est de 120°, un rectangle de surface maximum. Même question en supposant l'angle au centre égal à $2\alpha$.

[Saint-Cyr, composition écrite, 1870.]

Résolvons le problème lorsque l'angle au centre $2\alpha$ est quelconque.

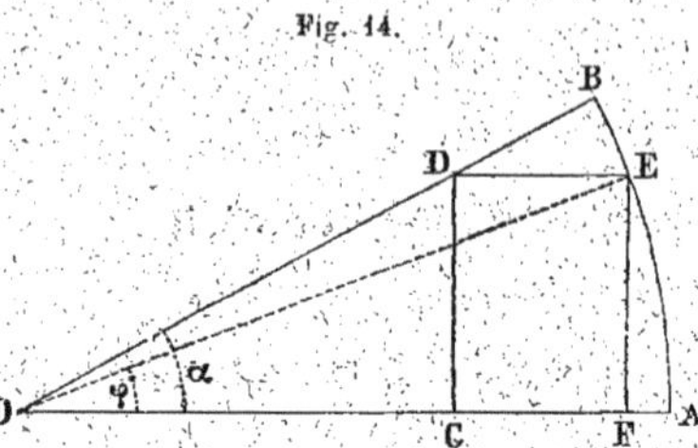
Fig. 14.



Soient OAB le $\frac{1}{2}$ secteur, $\alpha$ l'angle au centre, CDEF le $\frac{1}{2}$ rectangle inscrit, R le rayon du cercle. Nous prendrons pour inconnue l'angle EOA $= \varphi$.

$$EF = CD = R \sin \varphi.$$

Pour calculer DE, je remarque que dans le triangle DOE les côtés sont proportionnels aux sinus des angles opposés; on a donc

$$\frac{DE}{OE} = \frac{\sin DOE}{\sin ODE}, \quad \frac{DE}{R} = \frac{\sin (\alpha - \varphi)}{\sin \alpha},$$

$$DE = \frac{R \sin (\alpha - \varphi)}{\sin \alpha}.$$

La surface du rectangle est égale à

$$2EF \times DE = \frac{2R^2 \sin \varphi \sin (\alpha - \varphi)}{\sin \alpha}.$$

Remplaçons le produit des deux sinus par une différence de cosinus, nous aurons

$$S = \frac{R^2}{\sin \alpha} [\cos (\alpha - 2\varphi) - \cos \alpha].$$

Mais alors on voit que le maximum de S correspond au maximum de $\cos (\alpha - 2\varphi)$, ce qui a lieu lorsque

$$\alpha = 2\varphi.$$

Les côtés du $\frac{1}{2}$ rectangle maximum ont les valeurs suivantes :

$$DE = \frac{R \sin \left(\alpha - \frac{\alpha}{2}\right)}{\sin \alpha} = \frac{R}{2 \cos \frac{\alpha}{2}}, \quad EF = R \sin \frac{\alpha}{2}.$$

On peut résoudre le même problème en prenant pour inconnue

$$CD = x, \quad \text{par suite} \quad OC = x \operatorname{cotang} \alpha,$$
$$OF = \sqrt{R^2 - x^2}, \quad \text{et} \quad CF = \sqrt{R^2 - x^2} - x \operatorname{cotang} \alpha.$$

Écrivons que le produit de CD par CF est égal à une surface donnée, nous aurons l'équation

$$x \left(\sqrt{R^2 - x^2} - x \operatorname{cotang} \alpha\right) = m^2,$$
$$x^2 (R^2 - x^2) = (m^2 + x^2 \operatorname{cotang} \alpha)^2.$$

Résolvant et discutant cette équation bicarrée, nous arriverons aux mêmes conclusions que par la méthode précédente.

**9.** Étant données deux droites parallèles AC, BD et un point M, on demande quelle position doit avoir la plus courte distance des deux droites pour qu'on la voie du point M sous un angle maximum.

[*St-Cyr*, 1872, composition écrite.]

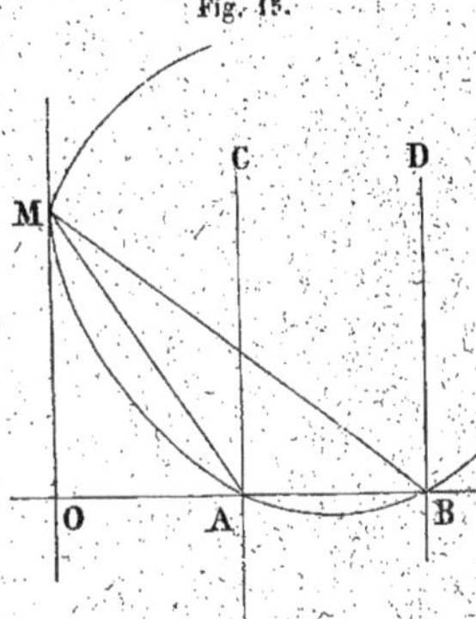


1° *Solution géométrique.* Supposons le problème résolu, soit AB la droite cherchée; faisons passer un cercle par les trois points ABM, l'angle M a pour mesure la moitié de l'arc AB compris entre ses côtés; comme la corde AB est constante, l'arc AB comprendra un nombre de degrés d'autant plus grand qu'il appartiendra à une circonférence d'un plus petit rayon; d'ailleurs le centre de cette circonférence se trouve sur une parallèle aux deux droites menée à égale distance de chacune d'elles; le rayon de la circonférence sera minimum si son centre est le plus rapproché possible du point M, c'est-à-dire s'il se trouve également sur la perpendiculaire menée aux deux droites données par le point M.

Si nous appelons $a$, $b$ les distances du point M aux deux parallèles, le rayon de la circonférence cherchée sera égal à

$$R = \frac{a+b}{2},$$

d'ailleurs nous avons

$$\frac{AB}{2} = R \sin M; \quad \frac{b-a}{2} = \frac{a+b}{2} \sin M,$$

$$\sin M = \frac{b-a}{a+b}.$$

Enfin, comme la circonférence MAB est tangente en M à la parallèle MO aux deux droites, on a

$$\overline{MO}^2 = OA \times OB,$$

$$MO = \sqrt{ab}.$$

2° *Solution analytique.* D'après la méthode ordinaire, pour résoudre les questions de maximum qui dépendent des équations du 2° degré, résolvons d'abord le problème suivant : Trouver la position de la droite AB pour qu'elle soit vue du point M sous un angle donné φ.

Prenons pour inconnue l'angle

$$AMO = \alpha,$$

$$OM = a \cot g\, \alpha = b \cot g\, (\alpha + \varphi).$$

On a donc l'équation

$$a \, \mathrm{tg}(\alpha + \varphi) = b \, \mathrm{tg}\,\alpha,$$
$$\frac{a(\mathrm{tg}\,\alpha + \mathrm{tg}\,\varphi)}{1 - \mathrm{tg}\,\alpha \, \mathrm{tg}\,\varphi} = b \, \mathrm{tg}\,\alpha,$$
$$b \, \mathrm{tg}\,\varphi \, \mathrm{tg}^2\alpha - (b - a)\,\mathrm{tg}\,\alpha + a \, \mathrm{tg}\,\varphi = 0.$$

Pour que cette équation ait ses racines réelles il faut que l'on ait :

$$(b - a)^2 - 4ab \, \mathrm{tg}^2\varphi > 0,$$
$$\mathrm{tg}^2\varphi < \frac{(b - a)^2}{4ab};$$

par conséquent la plus grande valeur de $\mathrm{tg}\,\varphi$ est

$$\frac{b - a}{2\sqrt{ab}}.$$

La valeur de $\mathrm{tg}\,\alpha$ correspondante est

$$\mathrm{tg}\,\alpha = \frac{b - a}{2b\,\mathrm{tg}\,\varphi} = \frac{\sqrt{ab}}{b};$$

et comme on a

$$OM = a \cot \alpha,$$

il vient

$$OM = \frac{ab}{\sqrt{ab}} = \sqrt{ab}.$$

10. Valeur maxima ou minima du trinôme $ax^2 + bx + c$.

[Saint-Cyr, École navale.]

THÉORÈME. Le trinôme $ax^2 + bx + c$ a sa valeur maxima ou minima pour la valeur

$$x = -\frac{b}{2a}.$$

Si $a$ est positif, cette valeur correspond au minimum du trinôme; elle correspond au maximum du trinôme si $a$ est négatif.

On a identiquement

$$ax^2 + bx + c = a\left(x + \frac{b}{2a}\right)^2 + \frac{4ac - b^2}{4a},$$

la quantité $\dfrac{4ac - b^2}{4a}$ est une constante; donc, si $a$ est positif, le trinôme a sa plus petite valeur si la quantité toujours positive

$$a\left(x + \frac{b}{2a}\right)^2$$

a sa plus petite valeur qui est 0. Si $a$ est négatif, le trinôme est maximum lorsque le terme soustractif

$$a\left(x + \frac{b}{2a}\right)^2$$

est encore égal à 0.

**11**. Deux mobiles se meuvent d'un mouvement uniforme avec des vitesses $v$ et $v'$ sur deux droites rectangulaires $Ox$, $Oy$; le premier mobile arrive en $O$ $h$ heures avant le deuxième. On demande le minimum de leur distance. *[Saint-Cyr.]*

Prenons pour origine du temps l'instant où le deuxième mobile arrive en O. Soient $x$ et $y$ les distances des deux mobiles au point O au bout du temps $t$, $\delta$ leur distance. On a évidemment

$$x = (h + t)v,$$
$$y = v't,$$
$$\delta^2 = x^2 + y^2 = (h + t)^2 v^2 + v'^2 t^2 = t^2(v^2 + v'^2) + 2htv^2 + h^2v^2.$$

Nous avons vu (problème 10) qu'un trinôme $ax^2 + bx + c$ dans lequel $a$ est positif a sa valeur minima pour

$$x = -\frac{b}{2a}.$$

Par conséquent $\delta^2$ sera minimum pour

$$t = \frac{-hv^2}{v^2 + v'^2}.$$

**12**. Condition pour que la fraction

$$\frac{ax^2 + bx + c}{a'x^2 + b'x + c'}$$

soit indépendante de $x$. *[École navale.]*

Soit $k$ la valeur constante de la fraction, on a la relation

$$\frac{ax^2 + bx + c}{a'x^2 + b'x + c'} = k,$$
$$(a - a'k)x^2 + (b - b'k)x + (c - c'k) = 0;$$

cette équation devant être satisfaite quel que soit $x$, il faut que l'on ait :

$$a - a'k = 0,$$
$$b - b'k = 0,$$
$$c - c'k = 0,$$

ou

$$\frac{a}{a'} = \frac{b}{b'} = \frac{c}{c'}.$$

**13**. Si une équation du $2^e$ degré est vérifiée par trois valeurs $\alpha$, $\beta$, $\gamma$ de la variable, les coefficients de l'inconnue sont identiquement nuls. *[École navale.]*

Soit
$$ax^2 + bx + c = 0$$

une équation du $2^e$ degré ayant trois racines $\alpha$, $\beta$, $\gamma$. Nous aurons les relations :

$$(1) \qquad a\alpha^2 + b\alpha + c = 0,$$
$$(2) \qquad a\beta^2 + b\beta + c = 0,$$
$$(3) \qquad a\gamma^2 + b\gamma + c = 0.$$

Retranchons (2) de (1), il vient

$$a(\alpha^2 - \beta^2) + b(\alpha - \beta) = 0,$$
$$a(\alpha + \beta) + b = 0.$$

On trouvera de même en retranchant (3) de (1)

$$a(\alpha + \gamma) + b = 0;$$

et par soustraction

$$a(\beta - \gamma) = 0,$$

ce qui exige que l'on ait $a = 0$; on verra facilement ensuite que les deux autres coefficients doivent être également nuls.

14. Résoudre l'équation

$$x^3 - 1 = 0.$$

[Ecole navale.]

Cette équation admet d'abord la racine

$$x = 1.$$

Les deux autres sont les racines de l'équation

$$(1) \qquad x^2 + x + 1 = 0$$

obtenue en divisant $x^3 - 1$ par $x - 1$. Ces deux racines sont imaginaires. On peut démontrer que chacune des deux racines imaginaires cubiques de l'unité est le carré de l'autre. En effet, soit $\alpha$ l'une de ces racines, on a

$$\alpha^3 = 1;$$

par suite

$$\alpha^6 = 1 \qquad \text{ou} \qquad (\alpha^2)^3 = 1.$$

Donc si l'une des racines de l'équation (1) est $\alpha$, l'autre est $\alpha^2$.

15. Une équation bicarrée admet pour racine $2 - \sqrt{3}$; trouver les trois autres racines.

[Ecole navale.]

Soit

$$x^4 + px^2 + q = 0$$

l'équation bicarrée qui admet pour racine

$$2 - \sqrt{3}.$$

Posons

$$x^2 = y;$$

l'équation

$$y^2 + py + q = 0$$

admettra pour racine $(2 - \sqrt{3})^2 = 7 - 4\sqrt{3}$, ce qui exige que l'on ait la relation

$$(7 - 4\sqrt{3})^2 + p(7 - 4\sqrt{3}) + q = 0,$$
$$97 + 7p + q - 4(14 + p)\sqrt{3} = 0.$$

égalité qui exige que l'on ait séparément:

$$14 + p = 0,$$
$$97 + 7p + q = 0.$$

Là première donne $$p = -14;$$

la deuxième $$q = +1.$$

L'équation cherchée est l'équation

$$x^4 - 14x^2 + 1 = 0;$$

elle admet pour racines :

$$2 - \sqrt{3}, \quad 2 + \sqrt{3}, \quad -2 + \sqrt{3}, \quad -2 - \sqrt{3}.$$

**16.** Inscrire un carré CDEF dans un segment de cercle ACB.

*[Saint-Cyr.]*

Soient $x$ le côté du carré, $a$ la distance OL du centre du cercle au côté du carré, R le rayon du cercle.

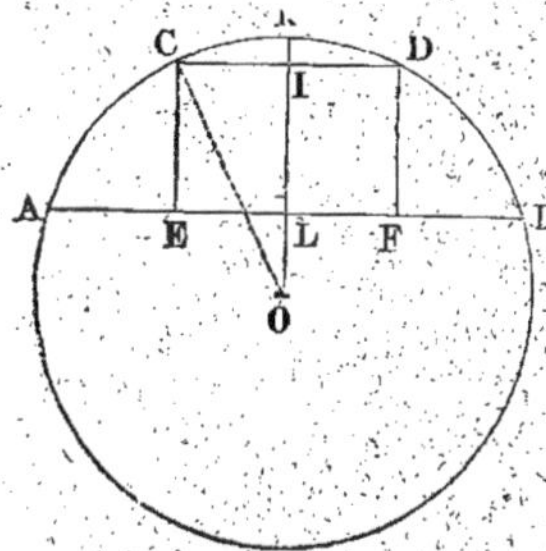

Fig. 16.

Le triangle rectangle CIO nous donne :

$$\overline{CI}^2 + \overline{IO}^2 = \overline{CO}^2,$$

$$\frac{x^2}{4} + (x + a)^2 = R^2,$$

$$(1) \quad 5x^2 + 8ax + 4(a^2 - R^2) = 0.$$

Supposons ACB $< \frac{1}{2}$ circonf. L'équation (1) a ses racines réelles et de signes contraires. La racine négative doit évidemment être rejetée; la racine positive conviendra à la question si elle est plus petite que KL, c'est-à-dire que R — $a$. Pour le reconnaître il suffit de remplacer $x$ par R — $a$ dans (1) et de voir si le résultat de la substitution est positif.

Cette substitution donne

$$5(R - a)^2 + 8a(R - a) + 4(a^2 - R^2) = (R - a)^2$$

Supposons le segment plus grand qu'une $\frac{1}{2}$ circonférence. L'équation (1) convient encore au problème si l'on suppose $a$ négatif. Elle a d'ailleurs encore ses racines réelles et de signes contraires et la racine positive donne encore la solution du problème, car si $a$ est négatif elle est plus petite que la hauteur du segment R — $a$.

**17.** Inscrire dans un cercle un triangle isocèle, connaissant la somme de la base et de la hauteur.                    [*Saint-Cyr.*]

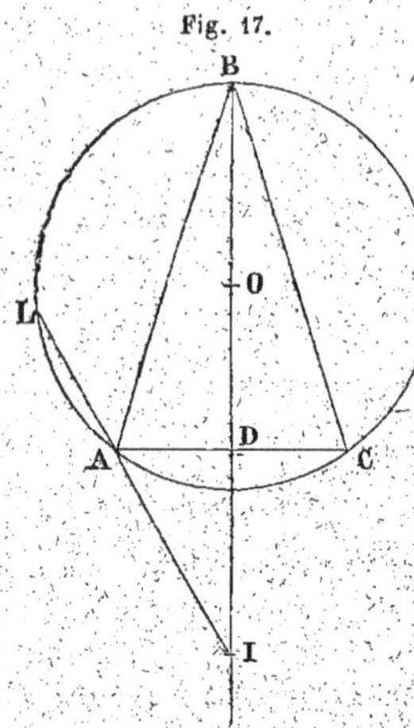

Fig. 17.

Soient $x$ la $\frac{1}{2}$ base du triangle,

$y$ sa hauteur,

$2p$ la somme donnée.

Les équations du problème sont :

$$(1) \qquad 2x + y = 2p,$$
$$(2) \qquad x^2 = y(2R - y).$$

L'équation (1) donne

$$x = \frac{2p - y}{2}.$$

Remplaçant dans (2), il vient :

$$\frac{(2p - y)^2}{4} = y(2R - y),$$
$$5y^2 - 2y(4R + 2p) + 4p^2 = 0.$$

Pour que cette équation ait ses racines réelles, il faut que l'on ait la condition :

$$(4R + 2p)^2 - 20p^2 > 0,$$
$$(2R + p)^2 > 5p^2,$$
$$2R > p(\sqrt{5} - 1),$$
$$p < \frac{R(1 + \sqrt{5})}{2}.$$

Il est facile de voir que lorsque cette condition est remplie le problème a deux solutions tant que $2p > 2R$, une seule si $2p < 2R$.

Si l'on prolonge la hauteur BD d'une longueur DI égale à AC dans le triangle ADI, rectangle en D, l'un des côtés de l'angle droit étant double de l'autre, l'angle I est connu. De là la construction géométrique suivante :

Tracez un diamètre du cercle sur lequel vous prenez une longueur BI = 2p ; faites au point I un angle égal au plus petit angle aigu d'un triangle rectangle dont un côté de l'angle droit est double de l'autre, vous obtenez ainsi une sécante IAL qui coupera généralement le cercle en deux points à chacun desquels correspondra une solution du problème, si le point I est extérieur au cercle.

La condition $\qquad p = \dfrac{R(1 + \sqrt{5})}{2}$

correspond au cas où la droite IAL devient tangente au cercle.

**18.** Triangle isocèle maximum inscrit dans un cercle.

[*École navale.*]

Soient BAC (*fig.* 17) le triangle isocèle cherché,

$y$ sa hauteur BD,

$x$ la $\frac{1}{2}$ base AD.

On a
$$S = xy = y\sqrt{y(2R - y)}.$$

Le problème revient à trouver le maximum de l'expression
$$y^3(2R - y).$$

Appliquant le théorème 3, page 50, on voit que ce produit est maximum quand on a
$$\frac{y}{3} = \frac{2R - y}{1}, \qquad y = \frac{3R}{2}.$$

**19.** Maximum de l'aire d'un trapèze isocèle dont la petite base $2a$ et la longueur $c$ des côtés non parallèles sont données.   [*École navale.*]

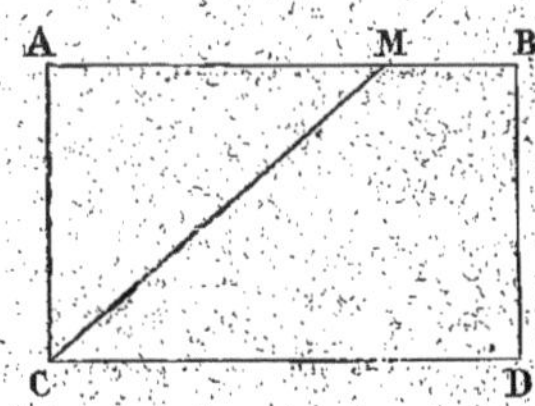

Fig. 18.

Soient MB $= a$ la $\frac{1}{2}$ petite base du trapèze, MC $= c$ la longueur des côtés non parallèles; prenons pour inconnue la $\frac{1}{2}$ grande base CD $= x$.

La hauteur AC du trapèze est égale à
$$\sqrt{\overline{MC}^2 - \overline{AM}^2} = \sqrt{c^2 - (x - a)^2}.$$

Par conséquent la surface S du trapèze est égale à
$$S = (x + a)\sqrt{c^2 - (x - a)^2}.$$
$$S^2 = [(x + a)^2][c^2 - (x - a)^2] = [(x + a)^2 (c + x - a)(c - x + a)].$$

J'applique la méthode développée page 52. Cette méthode nous conduit, pour déterminer $x$, à l'équation
$$\frac{2}{x + a} + \frac{1}{c + x - a} - \frac{1}{c - x + a} = 0$$

ou
$$2x^2 - 2ax - c^2 = 0,$$

dont la racine positive est la plus grande des deux bases du trapèze cherché.

**20.** Si dans la formule
$$S = \frac{a(q^n - 1)}{q - 1}$$

$q = 1$, l'indétermination est-elle apparente ou réelle?   [*École navale.*]

L'indétermination est apparente; $q^n - 1$ étant divisible par $q - 1$, le quotient de la division est
$$q^{n-1} + q^{n-2} \ldots + q^2 + q + 1,$$

quantité égale à $n$ pour $q = 1$.

**21.** Démontrer que dans la formule des annuités $a - Ar$ est une quantité positive. *[École navale.]*

En effet, on a (résumé, page 60)

$$a = \frac{Ar(1+r)^n}{(1+r)^n - 1};$$

la quantité

$$\frac{(1+r)^n}{(1+r)^n - 1}$$

étant plus grande que l'unité, il s'en suit

$$a > Ar.$$

**22.** Étant donné un système de logarithmes défini par les deux progressions

$$1 \quad q \quad q^2 \quad q^3 \ldots$$
$$0 \quad r \quad 2r \quad 3r \ldots$$

démontrer que l'on peut insérer un nombre de moyens $p$ assez grand entre deux termes de chacune des progressions pour qu'un nombre donné $N$ puisse différer d'un terme convenablement choisi de la nouvelle progression géométrique d'aussi peu que l'on veut.

*[École navale, Saint-Cyr.]*

Soit $q'$ la raison de la nouvelle progression géométrique obtenue, $N$ sera compris entre deux termes

$$q'^n \quad \text{et} \quad q'^{n+1}$$

de la nouvelle progression géométrique obtenue. Le théorème sera démontré si nous prouvons que $p$ peut être choisi assez grand pour que la différence

$$q'^{n+1} - q'^n < \delta,$$
$$q'^n(q' - 1) < \delta,$$
$$q' - 1 < \frac{\delta}{q'^n}, \quad \text{et comme } q'^n < N,$$
$$q' - 1 < \frac{\delta}{N},$$
$$q' < 1 + \frac{\delta}{N};$$

or

$$q' = \sqrt[p+1]{q}.$$

Il suffit donc de satisfaire à l'inégalité

$$\sqrt[p+1]{q} < 1 + \frac{\delta}{N},$$
$$q < \left(1 + \frac{\delta}{N}\right)^{p+1}.$$

Or on sait que les puissances successives d'un nombre plus grand que $1$ croissent sans limite et peuvent par conséquent dépasser un nombre donné $q$.

FIN.

1060 — Paris. — Imprimerie Gousset et C°, rue Racine, 28.

www.ingramcontent.com/pod-product-compliance
Ingram Content Group UK Ltd.
Pitfield, Milton Keynes, MK11 3LW, UK
UKHW021740090726
13657UKWH00002B/829